水产养殖业绿色发展技术丛书

牡 蛎

绿色高效养殖

技术与实例

农业农村部渔业渔政管理局　组编
李　莉　丛日浩　张国范　主编

MULI
LÜSE GAOXIAO YANGZHI
JISHU YU SHILI

U0246549

中国农业出版社
北　京

丛书编委会

本书编委会

参编单位

中国科学院海洋研究所
中国海洋大学
中国科学院南海海洋研究所
福建省水产研究所
中国水产科学研究院
宁波大学
广东海洋大学
中国水产科学研究院渔业机械仪器研究所
集美大学
广西壮族自治区水产研究所
山东省海洋科学研究院
鲁东大学
山东省乳山市海洋经济发展中心
广西壮族自治区钦州市水产技术推广站
青岛前沿海洋种业有限公司
烟台海益苗业有限公司
威海灯塔水母海洋科技有限公司
荣成楮岛水产有限公司
大连尚品堂海洋生物有限公司
广西阿蚌丁海产科技有限公司

丛书序

2019 年，经国务院批准，农业农村部等 10 部委联合印发了《关于加快推进水产养殖业绿色发展的若干意见》（以下简称《意见》），围绕加强科学布局、转变养殖方式、改善养殖环境、强化生产监管、拓宽发展空间、加强政策支持及落实保障措施等方面作出全面部署，对水产养殖业转型升级具有重大意义。

随着人们生活水平的提高，目前我国渔业的主要矛盾已经转化为人民对优质水产品和优美水域生态环境的需求，与水产品供给结构性矛盾突出与渔业对资源环境的过度利用之间的矛盾。在这种形势背景下，树立"大粮食观"，贯彻落实《意见》，坚持质量优先、市场导向、创新驱动、以法治渔四大原则，走绿色发展道路，是我国迈进水产养殖强国之列的必然选择。

"绿水青山就是金山银山"，向绿色发展前进，要靠技术转型与升级。为贯彻落实《意见》，推行生态健康绿色养殖，尤其针对养殖规模大、覆盖面广、产量产值高、综合效益好、市场前景广阔的水产养殖品种，率先开展绿色养殖技术推广，使水产养殖绿色发展理念深入人心，农业农村部渔业渔政管理局与中国农业出版社共同组织策划，组建了由院士领衔的高水平编委会，依托国家现代农业产业技术体系、全国水产技术推广总站、中国水产学会等组织和单位，遴选重要的水产养殖品种，邀请产业上下游的高校、科研院所、推广机构以及企业的相关专家和技术人员编写了这套"水产养殖业绿色发展技术丛书",宣传推广绿色养殖技术与模式,以促进渔业转型升级,保障重要水产品有效供给和促进渔民持续增收。

这套丛书基本涵盖了当前国家水产养殖主导品种和主推技术,围绕《意见》精神,着重介绍养殖品种相关的节能减排、集约高效、立体生态、种养结合、盐碱水域资源开发利用、深远海养殖等绿色养殖技术。丛书具有四大特色:

突出实用技术,倡导绿色理念。丛书的撰写以"技术＋模式＋案例"的主线,技术嵌入模式,模式改良技术,颠覆传统粗放、简陋的养殖方式,介绍实用易学、可操作性强、低碳环保的养殖技术,倡导水产养殖绿色发展理念。

图文并茂,融合多媒体出版。在内容表现形式和手法上全面创新,在语言通俗易懂、深入浅出的基础上,通过"插视"和"插图"立体、直观地展示关键技术和环节,将丰富的图片、文档、视频、音频等融合到书中,读者可通过手机扫二维码观看视频,轻松学技术、长知识。

品种齐全,适用面广。丛书遴选的养殖品种养殖规模大、覆盖范围广,涵盖国家主推的海、淡水主要养殖品种,涉及稻渔综合种养、盐碱地渔农综合利用、池塘工程化养殖、工厂化循环水养殖、鱼菜共生、尾水处理、深远海网箱养殖、集装箱养鱼等多种国家主推的绿色模式和技术,适用面广。

以案说法,产销兼顾。丛书不但介绍了绿色养殖实用技术,还通过案例总结全国各地先进的管理和营销经验,为养殖者通过绿色养殖和科学经营实现致富增收提供参考借鉴。

本套丛书在编写上注重理念与技术结合、模式与案例并举，力求从理念到行动、从基础到应用、从技术原理到实施案例、从方法手段到实施效果，以深入浅出、通俗易懂、图文并茂的方式系统展开介绍，使"绿色发展"理念深入人心、成为共识。丛书不仅可以作为一线渔民养殖指导手册，还可作为渔技员、水产技术员等培训用书。

希望这套丛书的出版能够为我国水产养殖业的绿色发展作出积极贡献！

农业农村部渔业渔政管理局局长：

2021 年 11 月

前 言 FOREWORD

　　牡蛎为世界性养殖贝类，在国内外皆有悠久的养殖历史。2019 年，我国牡蛎养殖产量为 523 万吨，占海水养殖产量的 25.3%，是我国海洋经济的支柱产业。牡蛎是非投饵的滤食性贝类的代表，具有重要的生态价值。农业农村部等 10 部委联合印发的《关于加快推进水产养殖业绿色发展的若干意见》中明确鼓励发展不投饵的滤食性贝类增养殖。近年来，我国牡蛎产业在提质增效等方面成效显著。根据国家现代农业产业技术体系牡蛎产业发展报告，2007 年以来，牡蛎产值年均增长率（10.82%）是产量年均增长率的（3.35%）3 倍以上。以"乳山牡蛎"为代表的良种、单体、生鲜的产业模式，已成为引领我国贝类产业调结构转方式的标志性模式之一。

　　我国牡蛎产业在绿色发展方面仍然有很大提升空间。目前，养殖户对养殖技术的科学认知仍然不足，大部分情况是传承祖辈的经验进行养殖；良种覆盖率需进一步提升；养殖模式相对粗放，装备化与自动化程度偏低；病害防控手段有限；对标国际市场的高端产品占比仍然较低。本书的编写出版是牡蛎产业界对水产养殖业绿色高质量发展的积极响应，编者在对目前产业关键技术与要素归纳总结的基础上，重点介绍牡蛎产业绿色

1

发展的新趋势，力求对牡蛎产业的高质量发展起到引领作用。

本书围绕我国牡蛎产业链条的关键要素与技术，聚焦养殖牡蛎的种质与遗传改良、人工育苗与养殖、病害防控、养殖模式、装备与加工等相关技术，一共分5章详述。第一章介绍了牡蛎的养殖历史、经济与生态价值、产业发展现状及地方品牌；第二章介绍了牡蛎的主要经济种类、生物学特性、种质的遗传改良；第三章重点介绍主养种的人工育苗及养殖，并介绍了养殖容量评估、壳形塑造、病害防控和绿色采收等技术；第四章结合养殖案例，对不同海域的绿色养殖模式进行了总结和梳理；第五章介绍了牡蛎绿色加工与高值化利用等内容。

期望本书能够为广大牡蛎养殖户、养殖企业、初涉水产养殖领域的科研人员、水产技术员、水产推广系统工作人员，以及渔业行政管理人员和对水产养殖感兴趣的读者提供指导和参考，为我国水产养殖业绿色高质量发展发挥积极作用。

由于时间所限，编写过程中存在纰漏和不足之处在所难免，敬请广大读者批评指正。

编　者

2021年4月

目 录 CONTENTS

第四章　牡蛎绿色养殖模式／133

第五章 牡蛎绿色加工与高值化利用/ 159

第一章
牡蛎产业发展概况

第一节　养殖历史

　　牡蛎不仅肉鲜味美、营养丰富，有"海中牛奶"之称，而且还具有独特的保健功能和药用价值，是一种综合价值很高的海产珍品。牡蛎是我国南北沿海礁石上常见的物种，目前已报道的种类有30多种。由于其分布广、经济和生态价值高，受到广泛关注。牡蛎在广东、福建称蚝或蚵，江苏、浙江称蛎黄，山东以北称蛎子或海蛎子（彩图1），数千年来为我国沿海社会经济发展做出了重大贡献，并成为众多文人笔下的常客。世界许多沿海国家和地区对牡蛎情有独钟，孕育了独特的牡蛎文化，如"The world is your oyster"用以鼓励人们相信世界充满机会。目前，我国各海域均有牡蛎分布，主要产地为山东、浙江、福建、广东、广西等省份。除了重要的经济价值外，牡蛎也是目前研究最透彻的贝类，被称为贝类的"模式种"。另外，牡蛎养殖还具有重要的生态服务功能，生态价值堪比热带的珊瑚礁。

一、国内养殖历史

　　作为世界上最早利用牡蛎的国家之一，我国人工养殖牡蛎可追溯到汉代，距今已有2 000多年的历史。其中，山东、浙江、福建、广东、广西等省份是主要的传统牡蛎养殖区域，在漫漫的历史长河中，各地区分别形成了独特的牡蛎养殖模式与历史。

1. 山东牡蛎养殖历史

山东野生牡蛎资源丰富，自古多有牡蛎相关记载，其中最著名的莫过于桑岛牡蛎。《文登县志》记载的"渔人始乘桴，以长竿钩致，剖壳取肉。至水泽腹坚，则凿冰为空而索焉"，描写的便是桑岛地区先民采集野生牡蛎的场景。清代学者郝懿行《记海错》中提到，虽然荣成亦产大牡蛎，但口味并不能与桑岛牡蛎相媲美，表明当时百姓对牡蛎的食用及考究已经达到很高的水平。清代刘储鲲《桑岛烧蛎》记载了当时桑岛丰富的野生牡蛎资源和百姓烤食牡蛎的场景。山东现代牡蛎养殖业始于 20 世纪 70 年代的乳山地区，主要养殖品种为长牡蛎（*Crassostrea gigas*），最早的养殖方式为投石（彩图 2）和插竹等传统养殖模式。90 年代起，乳山、荣成等地区牡蛎养殖产业迅猛发展，各地市不断引进、改良牡蛎良种，积极推广长牡蛎筏式养殖技术，牡蛎养殖规模不断扩大。目前，山东已成为我国北方最重要的牡蛎生产基地。

2. 浙江牡蛎养殖历史

浙江牡蛎养殖可追溯到宋代，是我国较早开展牡蛎养殖的地区之一。《宁海县志》记载了南宋进士冯唐英教当地民众投石养蛎的事迹，开创了宁海地区牡蛎养殖的先河。南宋乐清状元王十朋的"珠屿小蛎圆带石，筶焦巨房深若怀"诗中描述投石养蛎在乐清地区已十分流行。浙江宁海、乐清等地区由于世代养殖牡蛎，孕育了"西店牡蛎"和"乐清牡蛎"等地方名品，在我国牡蛎养殖历史中占据重要地位。浙江的本土品种主要是熊本牡蛎（*Crassostrea sikamea*），养殖方式主要是投石和插竹。近年来，浙江牡蛎养殖业发展较快，牡蛎养殖产量位居全国前列。

3. 福建牡蛎养殖历史

福建海岸岛礁和滩涂资源众多，牡蛎养殖条件得天独厚，是我国最早开展牡蛎养殖的省份。历史上福建沿海从北到南均有牡蛎养殖，并逐渐形成了闽东北以插竹为主，闽中南以投石为主的地区养殖特色。其中，闽东的霞浦、福宁（今福建宁德地区）等地牡蛎养殖历史最为悠久和繁荣。明清时代，福建投石养蛎已十分普遍。明清时代《蛎蛹考》《惠安县志》《云肖厅志》《漳浦县志》和《南安县志》等文献详细记载了福宁地区牡蛎养殖业的兴起和发展历程。新中国成立初期，养殖仍多沿用传统的插竹和投石方式。其中，投石养殖约占总养殖面积的 85%。近年来，随着对传统养殖技术的改良，牡蛎养殖规模和产量开始快速提高。

4. 广东牡蛎养殖历史

广东最早关于牡蛎的记载见于唐代刘恂的《岭表录异》，记录了广东人食用牡蛎的现象。宋代诗人梅尧臣在《食蚝诗》中生动地描写了广东民众"投石插竹"养殖牡蛎的场景，为我国开展牡蛎人工养殖的重要历史依据。到了元明清时代，广东省牡蛎养殖技术有所提高。《广东新语》记载广东地区已经开始大规模养殖牡蛎，养殖区域扩大至连片海域乃至成"田"，还制作了便于滩涂上收获与运输牡蛎的工具，提高了在潮间带收获牡蛎的工作效率。自此以后，广东牡蛎养殖业日渐繁荣，成为当地百姓赖以生存的支柱产业，并形成了闻名海内外的"沙井蚝"文化。新中国成立以后，广东牡蛎养殖业继续保持快速发展，养殖方式包括传统底播式、插立式和现代筏式吊养等，在我国牡蛎养殖版图中占有重要地位。

5. 广西牡蛎养殖历史

据《钦州县志》记载，广西在明清时代就开始养殖牡蛎，养殖方式主要是投石和插竹养殖，钦州大蚝从明代开始就已经闻名海内外。为进一步保护牡蛎自然资源、提高牡蛎产量，广西从 1958 年开始大规模推广养殖牡蛎，养殖面积不断增大，产量不断提高。1965—1967 年，钦州在茅尾海区开展了水泥柱采苗和养成试验并取得了成功。1970 年，在沿海河口地区广泛推广了水泥柱养蚝技术，快速推动了当地牡蛎养殖业发展。目前，广西正成为我国牡蛎养殖产业重要的新增长极。

二、国外养殖历史

传统的牡蛎养殖国家主要有法国、美国、日本、韩国和澳大利亚等。

1. 法国牡蛎养殖历史

法国是欧洲第 1 个大规模养殖牡蛎的国家，养殖历史悠久，按照养殖的品种变化可以划分为 2 个主要阶段。第 1 个阶段，养殖欧洲牡蛎和福建牡蛎；第 2 个阶段，主要养殖从日本引进的长牡蛎（表 1-1）。经过长期摸索后，从 20 世纪 80 年代开始，法国牡蛎总产量逐渐稳定在 12 万吨左右。其中，1996 年法国牡蛎养殖产量达到历史最高值，约 15 万吨，此后逐年下降，但法国日前仍是欧洲最大的牡蛎生产国和消费国（FAO 数据统计）。

表 1-1   法国牡蛎养殖历史和品种变迁

时间	养殖品种	养殖方式	苗种来源
17 世纪至今	欧洲牡蛎	底播养殖、绳索吊养	半人工自然采苗
1860 年至 1973 年	福建牡蛎	筏架吊养、底播养殖、绳索吊养	人工采苗
1973 年至今	长牡蛎	筏架吊养、底播养殖、绳索吊养	人工采苗

2. 美国牡蛎养殖历史

在 20 世纪 60 年代之前，美国的牡蛎产业以野生采捕为主。随着自然资源的日益枯竭，开始尝试人工养殖。1966 年，马里兰州开始通过浮筏获取苗种，用于人工养殖。1969 年，北卡罗来纳州开始试验立体养殖方式，亚拉巴马州则开始尝试延绳养殖，加利福尼亚州和俄亥俄州从日本引进长牡蛎并开始大规模栅架或筏架养殖。1970 年，斯坦福大学成立了牡蛎养殖研究中心，推动牡蛎养殖技术的研究与改良（Shaw，1970），1975 年美国牡蛎总产量达到了历史最高值，约 15 万吨，但之后有所下降并在 10 万吨上下波动（FAO 数据统计）（表 1-2）。

表 1-2　美国牡蛎养殖历史和品种变迁

时间	养殖品种	养殖方式	苗种来源
1966 年	美洲牡蛎	底播养殖	半人工采苗
1969 年	美洲牡蛎	延绳养殖	半人工采苗
1969 年至今	长牡蛎	栅架养殖、筏架养殖	人工育苗

3. 日本牡蛎养殖历史

日本的主要养殖种类是长牡蛎。17 世纪广岛地区最早开始投放石块和插竹片收集并养殖牡蛎，此后数百年日本的牡蛎养殖方式并未发生太大改变，基本沿袭了与中国类似的投石养蛎与插竹养蛎等传统养殖方式（今井丈夫，1986）。1923 年，东京水产学院生物学家妹尾和掘二氏在垂下养殖技术上取得了突破，自此日本开始出现现代意义的牡蛎养殖业。20 世纪 50 年代，日本发明了筏式和延绳养殖技术，将日本的牡蛎养殖从潮间带推向了浅海，极大地推动了日本乃至世界牡蛎养殖业发展。近年来，日本养殖牡蛎产量一直维持在 20 万吨左右，位居世界前列（FAO 数据统计）（表 1-3）。

表 1-3　日本牡蛎养殖历史和品种变迁

时间	养殖品种	养殖方式	苗种来源
17 世纪	长牡蛎	投石养殖、插竹养殖	自然采苗
1923 年	长牡蛎	垂下养殖	半人工采苗
20 世纪 50 年代	长牡蛎	筏式、延绳养殖	人工采苗

4. 韩国牡蛎养殖历史

19 世纪末，近代牡蛎养殖技术由日本传入韩国，主要以投石和插枝等传统养殖方式为主。1907 年，韩国颁发了第 1 个牡蛎养殖许可证，并在翌年首次收获了 133 吨人工养殖的牡蛎（Choi，2008）。1969 年，韩国开发了浮筏养殖技术，推动韩国牡蛎养殖业进入现代产业化发展阶段，一度成为世界第二大牡蛎生产国（FAO 数据统计）。韩国工厂化苗种较少，苗种主要来源于海上采苗，其中庆南地区是主要苗种生产区，成贝养殖方式主要是浮筏和延绳养殖，并且采捕过程已基本实现自动化。目前，牡蛎养殖正逐渐成为韩国最火热的水产养殖业（表1-4）。

表1-4 韩国牡蛎养殖历史

时间	养殖品种	养殖方式	苗种来源
1907 年	长牡蛎	投石养殖、插枝养殖	自然采苗
1969 年	长牡蛎	筏式、延绳养殖	人工采苗

5. 澳大利亚牡蛎养殖历史

澳大利亚养殖的牡蛎主要是土著的悉尼岩牡蛎与引进的长牡蛎。1870 年，开始人工采集苗种养殖悉尼岩牡蛎。20 世纪初，逐步发展了潮间带插枝、投石或托盘吊养殖方式。70 年代，悉尼岩牡蛎年产量从 6 000 吨增加到了 8 400 吨。另外，1947　1984 年多次引进长牡蛎，如塔斯马尼亚州从 20 世纪 60 年代开始引进并养殖长牡蛎，养殖方式主要采用类似南威尔士州岩牡蛎的养殖体系。随着长牡蛎人工育苗技术的突破，到 70—90 年代，长牡蛎养殖业逐渐扩展到了南澳大利亚，但由于高昂的育苗成本和担心物种入侵等生态问题，长牡蛎养殖规模受到严格限制，产量并没有出现显著提升。澳大利亚最近 20 年牡蛎产能相对稳定，总体产量基本维持在 1 万吨左右，最大产量出现在 2010 年，约 1.5 万吨（FAO 数据统计）（表1-5）。

表1-5 澳大利亚牡蛎养殖历史

时间	养殖品种	养殖方式	苗种来源
1870 年左右	悉尼岩牡蛎	在潮间带放置树枝、碎石或贝壳	自然采苗
20 世纪初	悉尼岩牡蛎	潮间带插枝、投石或托盘吊养殖	半人工采苗
20 世纪 50 年代	悉尼岩牡蛎	通过公路运输开展跨海区养殖	人工采苗
20 世纪 60 年代	长牡蛎	通过公路运输开展跨海区养殖	人工采苗

（本节作者：张守都、李莉、张国范）

第二节　经济和生态价值

一、营养价值

除了大家所熟知的肉、蛋、奶等，水产动物也是重要的蛋白等营养物质来源。牡蛎占我国海水养殖产量的 1/4，在保障我国粮食与营养安全方面占有重要地位。牡蛎是传统的海产美食，肉味鲜美，含有丰富的营养成分，是典型的高蛋白、低脂肪、富营养的食材，素有"海洋牛奶"之美称，是第一批经原卫生部批准的既可作为食品、又可作为药材的水产品。除蛋白质、脂类、糖原等主要营养物之外，牡蛎还含有丰富的游离氨基酸和微量元素（章超桦，2014）。糖原、锌、硒和牛磺酸作为牡蛎重要的特色营养物质，含量较高（图 1-1）。牡蛎营养物质含量与组成是决定其内在品质、口感与外在品相的主要因素，也是影响其生长、抗性、品质等产量性状的关键要素。

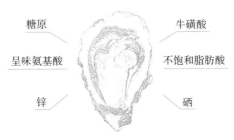

糖原　　　　　　牛磺酸

呈味氨基酸　　　不饱和脂肪酸

锌　　　　　　　硒

图 1-1　牡蛎特色营养物质组成

1. 蛋白质和氨基酸

牡蛎的蛋白质含量为 $45\% \sim 57\%$，显著高于陆生动物。据FAO 评定，牡蛎肉中必需氨基酸的质量优于人乳和牛乳。牡蛎含有丰富的氨基酸，除了人体必需的 20 种氨基酸外，还含有牛磺酸、β-氨基丙酸、γ-氨基丁酸和鸟氨酸等多种具有重要生理价值的氨基酸。其中，牛磺酸含量居海洋鱼类和贝类之最，可达氨基酸总量的 $40\%\sim60\%$。牛磺酸是蚝油的重要组分，也是功能性饮料的重要活性成分，对胎儿、婴儿神经系统的发育有重要作用，具有增强机体免疫力、抗疲劳、降血压、降血脂、降血糖的作用（赵思远等，2014）。此外，牡蛎中的谷氨酸、天冬氨酸、苯丙氨酸、丙氨酸、甘氨酸和酪氨酸等呈味氨基酸，可使牡蛎呈现出特殊的"蛎味"。

2. 脂肪酸

牡蛎的脂肪含量为 $7\%\sim11\%$，含有二十二碳六烯酸（DHA）、二十碳五烯酸（EPA）、磷脂、磷酸肌醇等不饱和脂肪酸。以 DHA 和 EPA 为主的不饱和脂肪酸占牡蛎脂肪酸总量的 30% 以上。DHA 俗称脑黄金，是神经系统细胞生长及维持的一种主要成分，是大脑和视网膜的重要组分，对胎儿和婴儿的智力和视力发育至关重要。EPA 能减少有害的免疫反应，促进循环系统的健康，防止胆固醇和脂肪在动脉壁上积聚，并可提高生物膜液态性等。磷脂可以分解过高的血脂和胆固醇，清扫血管，使血管循环顺畅，被公认为"血管清道夫"，同时能阻止多余脂肪在血管壁沉积，缓解心脑血管壁的压力。

3. 糖原

糖原是一种动物淀粉，又称肝糖，是葡萄糖结合而成的支链多糖，在牡蛎中含量为 $20\%\sim40\%$。作为动物的储备多糖，糖原是活动效率及持久力的物质保证。糖原为牡蛎鲜味主要呈味物质，影响着牡蛎的口感和"蛎味"，还具有抗肿瘤、抗氧化、降血脂、抗凝血、抗血栓、增强机体细胞免疫和体液免疫功能以及抗白细胞下降等生物活性，能有效地促进皮肤细胞增生，预防皱纹及阻止紫外线造成的皮肤损伤等。

4. 维生素和矿物质

牡蛎富含维生素 A、B 族维生素、维生素 C、维生素 D、维生素 H 等维生素及钙、硒、磷、铁、锌等矿物质。钙的含量为 $360\sim550$ 毫克/千克，锌的含量为 $320\sim370$ 毫克/千克，铁的含量为

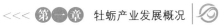

85～110 毫克/千克，硒的含量为 0.4～0.5 毫克/千克（王雪影等，
2006）。无机盐锌的含量居各类食物之首。锌是人体必需微量元素
之一，参与机体蛋白质与核酸的代谢，可促进儿童智力发育和免疫
力的提高，维持男性生殖系统的健康，常被人们誉为"生命之花"
和"智力之源"。硒也是人体必需微量元素，在抗衰老、抗氧化和
增强免疫力等方面具有重要作用。

牡蛎主要营养成分含量见表 1-6。

表 1-6 牡蛎主要营养成分含量

主要营养成分	含量
蛋白质	45%～47%，干重
脂肪	7%～11%，干重
糖原	20%～40%，干重
灰分	2%～11%，干重
水分	71%～89%，干重
钠（Na）	3 600～3 700 毫克/千克
钾（K）	2 200～2 500 毫克/千克
锌（Zn）	320～370 毫克/千克
钙（Ca）	360～550 毫克/千克
镁（Mg）	440～500 毫克/千克
铁（Fe）	85～110 毫克/千克
硒（Se）	0.4～0.5 毫克/千克
必需氨基酸	21～27 毫克/克
半必需氨基酸	6.1～7.2 毫克/克
非必需氨基酸	27～36 毫克/克

（续）

主要营养成分	含量
牛磺酸	8～12毫克/克

5. 保健和药用价值

牡蛎是一味重要的中药，在我国的传统医学中占有重要地位。我国是世界上最早认识到牡蛎药用价值的国家。在我国医药典籍，如《神农本草经》《汤液本草》《伤寒论》《名医别录》《本草纲目》中均有牡蛎作为药材的记载。我国最早的药用专著《神农本草经》记载牡蛎等贝类中药7种，具有敛阴、化痰、潜阳、止汗、软坚的功用；主治惊痫、眩晕、自汗、盗汗、遗精、淋沥、崩漏、带下、瘿瘤等。《汤液本草》中记载：牡蛎，入足少阴，咸为软坚之剂，以柴胡引之，故能去胁下之硬；以茶引之，能消结核；以大黄引之，能除股间肿；地黄为之使，能益精收涩、止小便，本肾经之药也。《名医别录》中有云：除留热在关节荣卫，虚热去来不定，烦满；止汗，心痛气结，止渴，除老血，涩大小肠，止大小便，疗泄精，喉痹，咳嗽，心胁下痞热。《本草纲目》记载：牡蛎肉甘、温无毒，煮食治虚损，调中，解丹毒，补妇人血气，以姜醋生食治丹毒，酒后烦热，止渴。炙食甚美，令人细肌肤、美颜色。

牡蛎壳粉制成的中药有利于胃和肠中的溃疡愈合，同时也能起到镇定、缓解脾胃虚弱的功效。现代医学认为牡蛎是养血、补血、滋阴的佳品，具有增强机体免疫力、降血脂、降血糖、降血压、保护心肌、保肝利胆、抗肿瘤、明目、抗疲劳、抗菌及放射增敏等保健功能。牡蛎壳的主要成分为碳酸钙，可作为食品添加剂和中药材原料，为人体补充钙质；我国原卫生部公布的第一批68种药食同源的食品就有牡蛎。随着对牡蛎营养保健和药用功能的认识越来越深入，以牡蛎作为主料或者辅料的许多保健食品和药品正在不断地被开发出来（章超桦等，2014）。

二、生态价值

牡蛎是滤食性双壳贝类的典型代表种，是非投饵类型的水产养殖对象，在水产养殖绿色发展过程中发挥重要作用。自然状态下牡蛎营固着生活，以左壳附着于礁石、人工海洋设施等硬底质上。自然界不同年龄的个体群聚生活，互相附着，长期累积，就形成了独特的牡蛎礁（图1-2）。牡蛎除了具有重要的经济价值，还具有重要的生态服务功能，是名副其实的海洋"工程师"。具体来说，牡蛎具有强大的滤水能力，能净化水质；在贝壳生长过程中，可以将二氧化碳以无机碳的形式永久固定。牡蛎的消氮作用可以将水体中的氮移除，从而降低水体中的富营养化。牡蛎礁还可为鱼虾蟹等水产动物的幼体提供栖息、育幼以及逃避敌害的场所，显著提升渔业资源量。此外，牡蛎礁还有防护海岸带等重要的生态系统服务功能。

图1-2 滨州马颊河河口牡蛎礁

（一）生态服务功能

1. 净水功能

牡蛎可以摆动鳃纤毛制造水流，然后通过纤毛对水体中的颗

11

粒物进行分选。牡蛎会特异性地选择颗粒摄食，对微藻等饵料生物和直径大于5微米的非生物颗粒悬浮物的过滤效率比较高，并将非可食颗粒用黏液包裹结合成大颗粒作为假粪便沉积到海底，从而降低水体中悬浮颗粒的浓度，提高水体透明度。成体牡蛎平均每天的滤水量约200升；平均高度为5.5厘米、密度为287只/米²的牡蛎礁，每平方米的滤水速率约为509升/时（Tang et al.，2011）（彩图3）。

2. 固碳作用

贝壳约占牡蛎总重的75%，其中95%～99%是碳酸钙，还有少量的有机质。牡蛎生物量巨大，在固碳方面优势独特，可通过生物钙化、同化和沉积的方式完成固碳（图1-3）。其中，生物同化和沉积所封存的碳在短时间内可能重新释放到大气中，而生物钙化不仅封存碳的数量巨大，而且可以保存千年之久（图1-4）。大规模的贝类养殖活动对中国浅海碳循环产生显著影响。1999—2008年，通过收获养殖贝类，我国每年从近海移出的碳量为70万～99

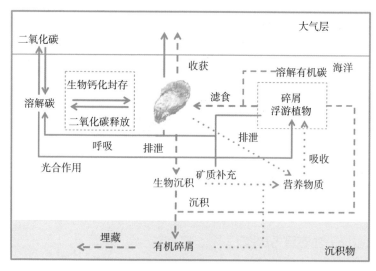

图1-3 牡蛎参与的生态系统碳循环

万吨，其中 67 万吨碳以贝壳的形式被移出海洋，并可能被长期封存（Tang et al.，2011）。

图 1-4　辽宁东港航道疏浚出的近江牡蛎壳

3. 消氮功能

氮在牡蛎软体组织干重中占 9%，在壳中占 0.20%～0.26%。牡蛎摄食含氮的浮游藻类和碎屑，从而增加自身的氮含量，收获牡蛎时，可将氮直接从水环境中移除。牡蛎通过滤食和生物沉积作用产生的粪便及假粪便增加了其附近沉积物中有机氮的含量，改变了沉积物的微生物群落形态。而细菌驱动的脱氮-反硝化作用可将有机氮转化为惰性氮气，进而使氮从海水扩散到大气中。此外，粪便和假粪便还可能会被其他沉积物掩盖。

4. 渔业增效

牡蛎礁的空间结构复杂程度远高于普通海底环境，可为海洋生物提供理想的栖息地，有利于鱼类幼体躲避敌害和增加鱼类食物来源，进而增加鱼类等生物的数量和生物群落的多样性，有利于渔业捕捞和休闲垂钓等产业的发展。不少学者认为，人工鱼礁的生态功能仅仅是吸引鱼类聚集，而牡蛎礁区牡蛎和相关附着生物是该区域主要鱼类的真正的食物来源（图 1-5）。

图 1-5 利用牡蛎礁的鱼类、节肢动物等
（莱州明波水产有限公司供图）

（二）牡蛎礁与生态修复

牡蛎礁系统在历史上发挥了重要的经济与生态价值，但近几个世纪以来，由于过度采捕和气候变迁，全球有超过 85％的牡蛎礁消失，由此引起了牡蛎礁资源修复与重建工作在世界范围内的重视。早期项目的工作重心多为恢复牡蛎的渔业资源和减少因环境变化造成的经济损失。近年来，牡蛎礁的生态价值逐渐受到重视，越来越多的学者开始聚焦牡蛎礁对沿海生态系统恢复的作用。

20 世纪中期，美国马里兰、弗吉尼亚和佛罗里达等州在大西洋沿岸海湾开展了一系列的牡蛎礁重构工作。通过播撒牡蛎壳、石块，投放装有牡蛎壳网包的方式来增加附着底质；或投放活体牡蛎增加有效群体数量，提高恢复牡蛎礁的可行性。美国切萨皮克湾人工恢复的牡蛎礁在改善水质、修复生态系统、提供鱼类生境和维持生物多样性等方面发挥了重要作用。

我国早期牡蛎礁修复工作主要集中在现存的自然礁区的调查和生态效应的初步评价、牡蛎成贝的投放、不同基质的附着验证、小规模试验礁体的投放等方面。例如，长江口人工牡蛎礁采用移植牡蛎成体的策略，建立人工牡蛎礁生态系统，种群增长速度快，固碳成效显著；江苏海门蛎岈山和大神堂牡蛎礁采用投放牡蛎壳网包等人工礁体的形式，恢复工作也初显成效。此外，香港深圳湾和浙江台州三门县采用投放混凝土条、石块、石条等底质物的方式进行牡蛎礁修复工作。

近年来，笔者团队致力于牡蛎礁资源恢复与重建相关理论及技术研发，建立了新型活体牡蛎礁构建技术，通过预构活体生态礁的方式建成牡蛎礁礁核（彩图4），并将不同礁核根据不同的构礁目的组合形成不同礁群（图1-6），能够实现牡蛎礁系统的快速构建。在东营河口区等地建成了牡蛎生态礁构建技术示范区，提出了一套滩涂及近海牡蛎礁生态恢复重构的新思路。

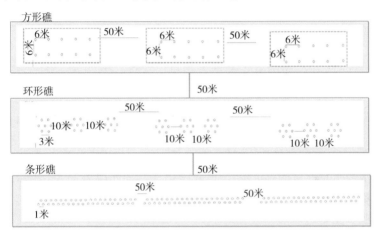

图1-6　黄河三角洲牡蛎生态礁礁群示意

（本节作者：亓海刚、王威、李莉、张国范）

第三节　产业发展现状

我国是世界牡蛎养殖第一大国，同时牡蛎也是我国产量最高的海水养殖动物。牡蛎在蛋白质供给、就业、出口创汇等方面均具有较高价值。牡蛎养殖产业的健康发展对我国海水养殖业和沿海地区经济、社会和生态发展具有重要意义。本节通过梳理我国牡蛎养殖产业发展现状和趋势，聚焦制约产业发展的关键问题，为牡蛎养殖产业转型升级提供有益建议和参考。

一、养殖现状

（一）养殖总产量创历史新高

1. 牡蛎是我国产量最大的海水养殖动物

根据《2020 中国渔业统计年鉴》，2019 年，我国海水养殖总产量达 2 065.33 万吨，其中贝类占我国海水养殖总量的 69.7%（图 1-7）。

图 1-7 2019 年中国主要海水养殖种类产量（万吨）

其中，牡蛎产量达 522.6 万吨，占全国贝类产量的 36.3%，占全国海水养殖总产量的 25.3%，是我国第一大海水养殖品类。巨大的市场需求和成熟的生产基础使牡蛎养殖成为我国海水养殖业的支柱产业（图 1-8）。

图 1-8 2019 年中国主要海水养殖贝类产量（万吨）

2. 我国牡蛎养殖产量占世界比重不断提高

据FAO统计，1950—2018年世界牡蛎年产量由20万吨增至599万吨（图1-9）。总体来看，世界牡蛎产量增长大致可以分为2个阶段。第1阶段，从20世纪50年代到80年代末，世界牡蛎养殖产量增长较为缓慢，到80年代末超过100万吨。第2阶段，从90年代初至今，由于中国牡蛎养殖产量急剧增加，从1993年的102.9万吨增至2018年的超过522万吨，带动了世界牡蛎养殖产量的快速增长，但同期中国之外的世界其他国家牡蛎产量增长并不显著，中国牡蛎产量开始超过世界其他国家产量之和，占世界牡蛎总产量的比例也从1950年的3.54％急剧提高到2018年的85.7％，中国在很长一段时期内占据了世界牡蛎养殖产量第一的位置。

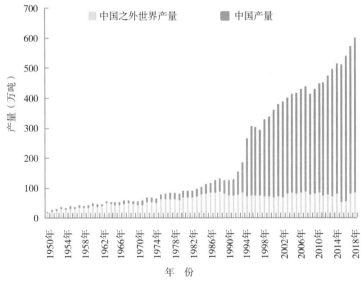

图1-9 中国与世界牡蛎产量对比

3. 南方养殖产量高于北方

我国牡蛎养殖主要省份有福建、广东、山东、广西、辽宁、浙江和江苏等。虽然近年来山东、辽宁等省份牡蛎养殖发展迅速，但总体而言，南方养殖牡蛎产量明显高于北方。2019年，福建牡蛎产量 201.3 万吨，居全国第 1 位，广东牡蛎产量 113.9 万吨，山东牡蛎产量 87 万吨，广西牡蛎产量 65.9 万吨，辽宁牡蛎产量 27.4 万吨，浙江牡蛎产量 22.8 万吨，江苏牡蛎产量 4 万吨（图 1-10）。

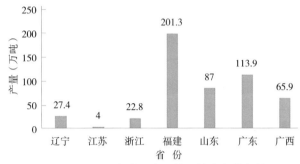

图 1-10 2019 年我国主要牡蛎养殖省份产量

（二）养殖面积稳中有升

牡蛎养殖范围几乎遍布全国所有沿海地区。近年来，由于围填海、环境整治、病害等原因，养殖面积有所波动。由于统计方法的改变，2007 年，全国牡蛎养殖面积最低，约 90 442 公顷，之后面积不断恢复，2016 年达到当前历史最高值，约 150 164 公顷，2019 年面积达 145 086 公顷，在贝类养殖面积中排名第三（图 1-11）。

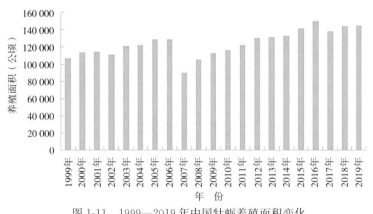

图 1-11 1999—2019 年中国牡蛎养殖面积变化

2019 年，牡蛎养殖面积较大的省份依次为福建、山东、广东、辽宁和广西。其中福建养殖面积达 36 943 公顷，排名全国第 1 位；山东达 35 259 公顷，排名第 2 位；广东 27 510 公顷，辽宁为 22 497公顷，广西养殖面积为 15 857 公顷，分列全国第 3、第 4、第 5 位。另外，在浙江、江苏和海南有部分养殖（图 1-12）。

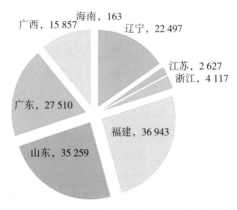

图 1-12　2019 年我国主要牡蛎养殖省份养殖面积（公顷）

（三）养殖品种日益多元化

1. 传统养殖品种

我国牡蛎资源丰富，根据 2008 年出版的《中国海产双壳类图志》，中国牡蛎物种数量大约有 23 种，如果将近些年报道的新种计入，中国的牡蛎大约有 30 种。其中，传统主要养殖种类有长牡蛎（*Crassostrea gigas*）、福建牡蛎（*Crassostrea angulata*）、香港牡蛎（*Crassostrea hongkongensis*）、熊本牡蛎（*Crassostrea sikamea*）和近江牡蛎（*Crassostrea ariakensis*）等。三大主产区：鲁辽（长牡蛎）、闽浙（福建牡蛎）和粤桂（香港牡蛎），产量占全国产量的 99.2%。

2. 新品种培育

21 世纪初，我国科学家就开始了牡蛎新品种培育工作。截至 2020 年，采用选育、杂交和多倍体培育等手段，共培育出长牡蛎

"海大1号"、牡蛎"华南1号"、长牡蛎"海大2号"、福建牡蛎"金蛎1号"、长牡蛎"海大3号"、长牡蛎"海蛎1号"、长牡蛎"鲁益1号"和熊本牡蛎"华海1号"等国审新品种及三倍体牡蛎，为牡蛎养殖产业提供了重要的种质支撑。

3. 产品加工与贸易

据FAO数据，世界牡蛎产品主要包括鲜活牡蛎和牡蛎加工产品（冻、干及腌制等）。2018年，世界鲜活牡蛎出口量达44 494吨，其中法国出口量为12 489吨，占全世界出口量的28.1%，其次为爱尔兰、荷兰、加拿大、美国、马来西亚、墨西哥、英国、韩国、葡萄牙和中国（图1-13）。其中，中国鲜活牡蛎出口仅占世界总出口量的2%，占比5年来不升反降。在牡蛎加工产品出口量排名中，中国香港、泰国、韩国、中国、西班牙、日本、塞内加尔、新西兰、美国和菲律宾依次占世界前列，其中中国香港居世界首位，出口量达33 070吨，占世界总出口量的38.2%，与其作为世界贸易港进行大量货物转口有关系。中国牡蛎加工产品出口量为9 005吨，占世界总出口量的10.4%（图1-14）。中国牡蛎养殖规模在世界上占压倒性优势，但产品（尤其是鲜活产品）出口量仅占很小比例，与世界第一牡蛎生产大国地位极不相符。这在一定程度上与我国是牡蛎消费大国有关，也与我国近海整体环境质量尚有待进一步提升有关。

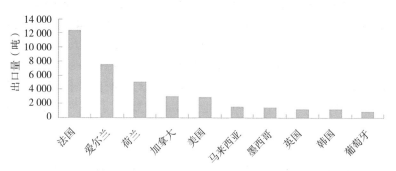

图1-13　2018年世界十大鲜活牡蛎出口国出口量

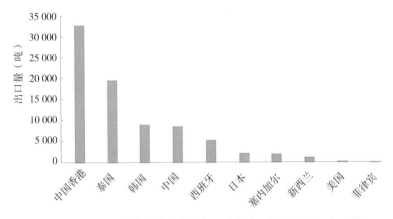

图 1-14　2018 年世界十大牡蛎加工产品出口国（地区）出口量

二、产业问题

1. 良种覆盖率低

我国牡蛎良种选育起步较晚。截至 2020 年，经全国水产原种和良种审定委员会审定通过的牡蛎新品种只有 8 个，牡蛎新品种数量少的重要原因有新品种研发单位少、研发周期长、成本高和后期推广难度大等。面对牡蛎养殖产业规模的快速扩张与升级，牡蛎新品种研发速度和产业覆盖率明显不能满足产业发展需求。

2. 种质资源退化

大部分育苗场在选用亲贝时相对随意，导致生产中常见亲贝近亲交配，长期以来致使种质遗传多样性下降，近交衰退现象严重，最终导致苗种品质下降，育苗成功率降低，牡蛎养成期经常出现大批量死亡现象，并整体呈现养殖个体小型化、长成慢、出肉率低等经济性状持续衰退现象，严重影响牡蛎的养殖产量和质量。

3. 养殖模式落后

目前，牡蛎主要采取近海筏式养殖或吊绳养殖，部分养殖户为追求最大利润，盲目增加养殖密度，扩大养殖规模，超负荷养殖十

21

分突出，海区生态失衡，浮游饵料减少，牡蛎瘦弱甚至病害频发，生长缓慢，大规模死亡事件时有发生。

4. 养殖海区环境变化

随着我国经济快速发展，受工业废水、生活污水和农药、化肥及港口船舶排放废油等陆源污染物影响，牡蛎生长缓慢，肥满度降低，甚至暴发规模性死亡，影响牡蛎养殖规格和产量。另外，细菌、重金属等污染物通过生物富集与食物链传递危害人类健康，产品质量安全受到严峻挑战。

5. 产品附加值不高

由于牡蛎深加工技术相对落后、品种单一，加工产品和出口产品以传统的蚝干、蚝油和牡蛎罐头等为主，产品缺乏市场竞争力、出口量小、附加值较低（曾志南等，2011），很难走高端产品路线，尤其同法国、澳大利亚的生蚝等国外知名产品相比缺乏竞争力。另外，企业及地方政府品牌意识相对薄弱，培育品牌积极性和主动性不高，牡蛎龙头企业和著名商标竞争力不足，产品出口份额和价值明显不足。

三、对策建议

1. 做好产业发展规划

建议由有关部门牵头，统筹全国渔业管理部门、牡蛎养殖科技资源和主要生产单位，对全国牡蛎养殖海区的区位、自然资源和生态环境等要素进行梳理，科学论证和综合评价养殖海区养殖条件等级，加强对养殖海区的规划布局，制订适合当地牡蛎养殖产业发展的策略，科学确定海区养殖容量，合理控制养殖强度和密度，开展牡蛎科学养殖技术示范推广，明确不同牡蛎养殖区域的发展类型、手段、方式和目标，形成各具特色的区域牡蛎养殖发展规划。

2. 加大新品种研发和推广力度

加大牡蛎新品种研发和推广力度，确保新品种供给稳定和产业健康发展。一是加大牡蛎新品种研发资金投入。在积极争取国家或

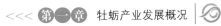

省级课题的同时，鼓励牡蛎养殖龙头企业积极参与牡蛎新品种研发，广泛拓展企业横向课题、社会风险资金等资金来源，形成科研机构、中介机构、企业共同投入、共担风险、共享收益的牡蛎新品种培育机制。二是壮大牡蛎新品种研发人才队伍。加强科研机构牡蛎新品种研发团队建设，鼓励科研机构人员到企业兼职，帮助企业建立稳定品种研发团队，推动科研机构和龙头企业联合建设新品种研发工程中心，构建产学研紧密结合的牡蛎新品种研发人才体系。三是加强新品种推广力度。依托水产技术推广站、国家农业产业技术体系、龙头养殖企业等单位，制订牡蛎新品种推广计划与指标，加大牡蛎新品种推介力度，引导广大养殖散户树立养殖新品种、良种的观念，切实提高产业新品种覆盖度。

3. 积极推广生态绿色养殖模式

加强牡蛎养殖标准和规范的研究与制定，根据海区养殖容量与水文条件，严格限定养殖筏架间距与养殖密度，改善牡蛎养殖基础条件。鼓励养殖企业开展国内国际各种认证，不断提高产品入市标准和市场认可度。研制开发抗风浪牡蛎养殖装备，探索大水深吊养或海洋牧场底播养殖，大力发展湾外养殖，拓展牡蛎养殖空间。鼓励施行牡蛎与海带、裙带菜等贝藻的多营养层级养殖模式，提高单产与产品品质，减小养殖对生态环境的负面影响，实现经济效益和生态效益双赢。

4. 重视实施品牌战略

发挥牡蛎专业研究机构聚力与整合优势，引导和规范产品认证与品牌建设，开发"名、优、特、新"产品，增强地理标志产品的核心竞争力。以山东牡蛎养殖为例，依托"中科乳山牡蛎产业研究院"，加快品牌整合，解决地方品牌过多导致市场辨识度不高的困境，着力打造水产品区域公用品牌，如"乳山牡蛎"等，并将品牌意识渗透至产业发展各环节，从环境管理、生产过程追溯、质量安全管理等方面规范市场秩序。学习及适应发达国家的产品质量安全管理规程和市场流通管理制度，积极与 MSC、ASC 等国际认证组织接轨，培育国际牡蛎品牌。

5. 不断拉长产业链条

依托科研院所水产品加工科研团队，支持牡蛎加工企业同科研院所开展深度产学研合作，坚持以市场为导向，从食品、保健品、化妆品和生物肥料等角度，加大牡蛎多元化新产品开发力度，提高牡蛎原材料使用效率，推动牡蛎加工业由常规加工向精深加工转变、由单一加工向多业融合转变，不断延伸产业链条，丰富产品内涵，提高产品附加值，推动产业走专业化、高端化的健康可持续发展道路。

（本节作者：张守都、李莉、张国范）

第四节 地方品牌

我国海岸线均有牡蛎分布，因海区环境不同，牡蛎种类不同，自然而然形成了风味不同、形态各异的区域性牡蛎类型。近几十年来，人工养殖产业蓬勃发展，形成了诸如乳山牡蛎、钦州大蚝、程村蚝、阳江牡蛎、诏安牡蛎等多个地方品牌，有些已成为区域渔业经济的支柱产业，并深受消费者喜爱。

一、乳山牡蛎

乳山牡蛎以长牡蛎为主（彩图 5）。近年来，乳山已发展成为我国北方重要的牡蛎产区，其中辖区西黄岛村被誉为"江北牡蛎第一村"（图 1-15）。乳山牡蛎采用秋播春收筏式育肥养殖模式，养殖水域面积达 2 万公顷，年产量 38 万吨，养殖产值 38 亿元，养殖面积、产量和产值均居全国县级单位首位，是著名的"中国牡蛎之乡"和"一县一业"的样板。乳山牡蛎产业已初步形成育苗育种、养殖、加工、销售、废弃物利用、包装辅料加工、文化旅游七大关键环节产业链，全产业链产值达百亿元，有效带动产业上下游2万渔民年增收近3亿元，是乳山市海洋经济的支柱产业和富民产业，助推了乡村振兴战略的实施。

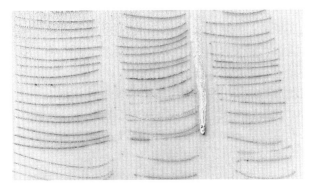

图 1-15　蓬勃发展的乳山牡蛎养殖

乳山牡蛎养殖区主要分布在东至浪暖口、西至乳山口的开阔海域内，属于黄海北部冷温水域，潮流通畅，水交换条件良好，水质洁净，主要理化指标达到国家一类海水水质标准，海水的温度、盐度适中，表层年均水温 13.5℃，年均盐度 29.3。海底坡度平缓，泥沙底质，水深6～15米。境内的两大入海河流——乳山河和黄垒河，为海区提供了丰富的营养盐，水质肥沃，非常利于牡蛎摄食的浮游藻类等基础饵料生物的繁殖和生长。

当地政府积极打造"乳山牡蛎"品牌。2009年"乳山牡蛎"注册为中国地理标志证明商标；2010年品牌价值评估达3.01亿元，同年被农业部认证为无公害水产品；2016年乳山市被授予"中国牡蛎之乡"称号，"乳山牡蛎"荣获"最具影响力水产品区域公用品牌"；2018年"乳山牡蛎"被认定为"山东省优秀地理标志产品"，乳山市入选首批"山东省特色农产品优势区"；2019年"乳山牡蛎"荣获"中华品牌商标博览会金奖"。

为保护乳山牡蛎品牌、保障产品质量安全，山东省制定了地方标准《地理标志产品　乳山牡蛎》，将生鲜牡蛎升级为标准化产品，确保乳山牡蛎标准一致、品质如一；构建了全国首个牡蛎质量安全追溯体系，给每一件牡蛎产品都设定唯一的防伪标签，通过牡蛎协会官网查询或使用手机等设备扫描二维码，查询牡蛎身份信息，实现了产品来源可查询、去向可跟踪、责任可认定的全流程质量追溯体系。

乳山还积极打造牡蛎文化及旅游产业。乳山建有乳山牡蛎民俗文化馆、乳山牡蛎文化园、乳山牡蛎欢乐城，拥有海上观光、牡蛎采收体验游等相关观光旅游项目（彩图6）。截至2020年，乳山国际牡蛎文化节已经成功举办四届。节日期间，通过美食嘉年华、"牡蛎＋干白"品鉴会、牡蛎王争霸赛、牡蛎开壳大赛、牡蛎年货节等趣味性主题活动，充分展示乳山牡蛎的独特魅力和乳山人民的幸福生活（彩图7）。

同时，牡蛎节邀请产业和学术界领军人物，围绕牡蛎产业发展现状、养殖技术提升、海洋经济新旧动能转换等方面开展研讨，助力乳山牡蛎赶超世界一流，推动乳山市海洋经济发展。当地政府与中国科学院海洋研究所共建中科乳山牡蛎产业研究院（图1-16），举办了多届"海洋经济论坛""中国牡蛎产业高峰对话"等产业大会，2018年又成功举办了首届"中国（乳山）牡

图1-16 中科乳山牡蛎产业研究院

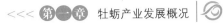

蛎产业国际高峰论坛",来自海内外的 200 多名海洋专家学者和国内龙头水产业企业家齐聚乳山,共谋发展,同时把乳山定为大会永久会址。2019 年,举办了第八届世界牡蛎大会分会,进一步把乳山打造成中国乃至国际牡蛎产业的桥头堡和中心,助力牡蛎品牌建设和蓝色经济发展。

二、钦州大蚝

钦州大蚝(彩图 8)主要为香港牡蛎。钦州是我国著名的蚝苗培育和大蚝生产基地,素有"中国大蚝之乡"的美誉。2018 年,全市大蚝养殖面积达 1 万公顷,产量 26.5 万吨,年产蚝苗达 1.3 亿支(串),产业综合产值 28 亿元,钦州大蚝养殖面积、产量、苗种生产在广西均排第 1 位,大蚝养殖已成为钦州水产养殖业的支柱产业、钦州的"城市新名片"。

钦州市在推进渔业产业发展的过程中,十分注重质量兴渔、品牌强渔建设,把品牌培育作为提高产品质量和知名度的重要抓手。2011 年"钦州大蚝"获中国农产品地理标志登记保护;2016 年、2018 年"钦州大蚝"两度荣登中国品牌价值评价榜,品牌价值为 46.48 亿元;2017 年"钦州大蚝"荣获"中国百强农产品区域品牌"称号;2018 年"钦州大蚝"荣登"中国区域品牌(地理标志产品类)前百名排行榜";同年,"钦州大蚝"被列入首批广西农业品牌目录;2019 年 1 月,钦州市钦南区荣获"中国特色农产品优势区"称号。优良的生长环境,使钦州大蚝具有个体大、肉色洁白、营养丰富、可生吃等特点,品质优良,大蚝鲜品及加工产品蚝豉、原汁蚝油等深受各地消费者喜爱。

钦州大蚝养殖目前主要分布在茅尾海、龙门群岛、七十二泾、金鼓江口、麻蓝岛和大风江口等海域。我国境内的茅尾海,总面积约为 135 千米^2,有茅岭江、钦江两条较大的河流以及多条小型独立水系注入,每年带入大量的淤积物、泥沙及有机物质,特殊的地理特征造成茅尾海独特的海洋渔业功能。目前，茅尾海是全国最大的大蚝天然采苗区，年产蚝苗附着基 1.2 亿单位。龙门群岛及七十二泾海域位于茅尾海南端，100 多个小岛屿坐落在纵横 10 千米的海域内，形成无数往复曲折的水道，称为"泾"，泾内水域养殖条件优越，泾口水域开阔，是最早开发的钦州大蚝吊式养殖区，2006年获首批"农业部水产健康养殖示范区"称号。域内大蚝养殖浮筏规划合理有序，一行行、一列列的养蚝浮排浩浩荡荡、蔚为壮观，人称"十里蚝排"，与独特的七十二条水泾、植被茂盛无人岛、南国独有的水上森林——红树林等旅游资源，形成亮丽风景，素有"南国蓬莱仙境"的美誉（图 1-17）。

图 1-17　钦州七十二泾海域大蚝养殖

随着牡蛎产业的深入发展，牡蛎文化不断浸染着城市灵魂，"蚝情节"成为这座城市的狂欢节。从 2010 年开始，钦州每年都举办"蚝情节"。"蚝情节"围绕"以蚝会客、以蚝传情、以蚝引商"的目标，推出了农业（水产）、旅游、文化艺术、体育和商贸等主题活动，倾力打造"游、品、购、产、销"融合发展的钦州特色节庆活动品牌，全方位展示和宣传钦州的区位、生态、人文、旅游等优势，形成以"蚝情节"为切入点的滨海特色文化旅游活动，为钦州发挥物产和历史文化优势，深度融入"一带一路"提供了前所未有的机遇。

三、诏安牡蛎

诏安地处福建省最南端，闽粤两省交界处，俗称"福建南大门"与"漳南第一关"，2013 年被授予"中国海峡硒都"的称号。近年来，诏安大力发展牡蛎养殖产业，积极拓展牡蛎育苗、养殖、精深加工以及牡蛎壳综合利用等产业链，推动养殖产业升级，并在 2020 年 9 月 4 日被中国水产品流通与加工协会授予"中国生态牡蛎之乡"称号（图 1-18）。

图 1-18　诏安被授予"中国生态牡蛎之乡"

诏安县具有独特的海域条件和气候环境，诏安湾内海底宽浅平坦，周边海域水质无工业污染，非常适合牡蛎等贝类的养殖。诏安牡蛎养殖历史悠久，清初就有关于牡蛎养殖的记载，在缺衣少食的年代，诏安就流传着"牡蛎能抵半年粮"之说。诏安牡蛎养殖模式也在不断优化完善，从条石养殖、滩涂棚架式养殖发展至浅海筏式养殖。特别是 20 世纪 90 年代起大规模发展的浅海延绳式牡蛎养殖，可充分利用水体资源，且具备较大的抗风浪能力，使诏安牡蛎的养殖从湾内向湾外深水风浪较大的海域拓展。2017 年开始三倍体牡蛎养殖示范，近几年养殖规模逐渐扩大，已成为诏安牡蛎养殖业"新宠"。目前，诏安县牡蛎养殖面积约 3 200 公顷，主要分布在梅岭镇和四都镇的诏安湾及桥东镇大埕湾海域；2019 年，全县牡蛎年产量 26.92 万吨，产量位居全省第 1，占全省总产量的13.37%（图 1-19）。

图 1-19　诏安牡蛎吊运码头

诏安牡蛎富含蛋白质、糖原、脂肪酸和硒等营养物质，营养价值高；肉质细腻、味道鲜美，特别适合清蒸等烹饪方式，热销海内外市场。目前，牡蛎加工企业 118 家，其中精深加工企业 6 家，主要集中在四都镇和梅岭镇，年加工牡蛎原料近 25 万吨。诏安县鼓励扶持牡蛎加工龙头企业进行技术改造、技术引进和开发精深加工，增加产品科技含量和附加值；积极谋划建设牡蛎精深加工产业园区，引导牡蛎加工企业延伸产业链条，孵化以牡蛎为原料的海洋药物、化妆品、保健品等精深加工制品，构建专业化、高端化的牡蛎发展模式。

在牡蛎壳综合利用方面，2011 年引进厦门玛塔生态股份有限公司，利用牡蛎壳开发新型生物源土壤调理剂。近年来，诏安县大力加强牡蛎品牌宣传，鼓励养殖和加工企业打造本地或企业品牌，目前已成功注册地理标志证明商标"大梧蚝"和"梅岭牡蛎"，并有"MINHO-闽蚝""蚝蚝玩""蚝之味"等企业品牌，极大地提升了本地产品的市场认知度。同时，在良好的养殖加工产业基础上，以牡蛎为元素，设计出"蚝美丽""蚝强壮"等文创产品。2020年，成功举办了首届"牡蛎文化节"，推动牡蛎产业和旅游业融合发展（图1-20），还建设渔业特色小镇，积极打造"印象牡蛎湾"等网红打卡地，开发渔村风情旅游。

图1-20 2020年诏安首届"牡蛎文化节"

诏安牡蛎产业已走出一条兼顾环境保护和经济发展的可持续发展之路。牡蛎养育着诏安人，如今诏安人民凭借艰苦奋斗、勇于创新的精神和对牡蛎事业的热爱，将诏安牡蛎产业发展到一个全新阶段。未来，诏安将打造牡蛎精深加工产业区，推动诏安牡蛎产业链向高端继续延伸，一粒牡蛎长出一条产业链，一方人民走出一条农村发展新道路。

（本节作者：吴富村、谭林涛、黄维德、宁岳、林向阳、李莉、曾志南、张国范）

第二章 牡蛎养殖生物学

第一节　主要经济种类

一、主养种及其分布

牡蛎的外形很容易受环境的影响，同种牡蛎在不同环境中外形可能差异很大。因而，仅依靠外形难以对牡蛎种类进行准确鉴定。学术界将形态特征与现代分子生物学技术相结合，已经基本厘清了我国养殖牡蛎的分类（Wang et al.，2004，2008，2010，2013；王海艳等，2007，2009）。我国养殖的牡蛎有巨蛎属的长牡蛎、福建牡蛎、香港牡蛎、熊本牡蛎、近江牡蛎。其中，长牡蛎、福建牡蛎、香港牡蛎是我国牡蛎的主要养殖种。这几种牡蛎具有不同的外部壳形、内部构造、地理分布及环境适应性。

1. 长牡蛎

长牡蛎自然分布在我国长江以北沿海的潮间带与潮下带，北方沿海牡蛎大都是长牡蛎，分布最南端为江苏南通，是我国辽宁、河北、山东、江苏等省份的主要养殖贝类。壳形不规则，为近长三角形或椭圆形等，壳表多棘、有波纹状鳞片，左壳有放射肋，呈淡青色、黄色及褐色等（图 2-1）（Wang et al.，2008）。

2. 福建牡蛎

福建牡蛎在较早的文献中被称为葡萄牙牡蛎。后经研究发

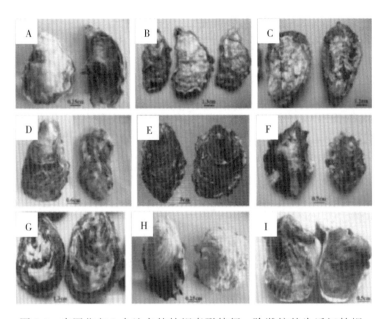

图 2-1　中国北方 9 个地点的牡蛎壳形特征。除潍坊的为近江牡蛎，
　　　　其他均为长牡蛎，大连和乳山的为养殖个体
　　　A. 庄河　B. 獐子岛　C. 大连　D. 东营　E. 潍坊　F. 荣成　G. 乳山
H. 青岛　I. 连云港

现，欧洲的葡萄牙牡蛎很可能是 16 世纪从中国引入葡萄牙的。
福建牡蛎与长牡蛎的亲缘关系比其他牡蛎种与长牡蛎的关系要
近，两者之间能顺利杂交，因此被认为与长牡蛎是近缘种。福建
牡蛎主要分布于潮间带及潮下带浅水区，在我国分布在长江口以
南浙江至海南沿海，是福建省等南方海域的主要养殖贝类之一
（Wang et al.，2010）。

　　不同海区福建牡蛎的形态差异较大。有的牡蛎采于中潮带礁
石上，壳形近长形或椭圆形，两壳近扁平，附着面大，右壳面较
光滑，壳面为青色或褐色。有的右壳面有明显放射褶存在，左壳
面有轻微的放射肋结构。壳内面白色，闭壳肌痕褐色，长形（图
2-2）。

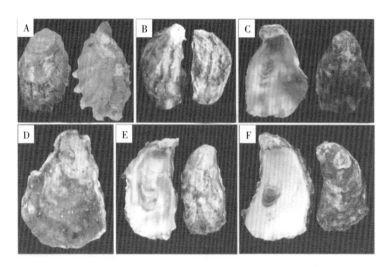

图 2-2 不同采样地点的长牡蛎与福建牡蛎壳形
A. 欧洲的福建牡蛎 B. 浙江的福建牡蛎 C. 莆田的福建牡蛎
D. 美国俄勒冈的长牡蛎 E. 潍坊的长牡蛎 F. 营口的长牡蛎
（引自 Wang et al.，2010）

3. 香港牡蛎

香港牡蛎俗称"大蚝"，是我国广东、广西等地的主养贝类。软体部颜色呈乳白色。香港牡蛎的外形与近江牡蛎极为相似，在部分养殖海域两者经常共生。与近江牡蛎相比，香港牡蛎韧带槽较长、壳顶腔较深、壳较长（图 2-3）。香港牡蛎和近江牡蛎的解剖结构有明显差别：香港牡蛎的左右鳃腔均与右侧水腔直接相通，但中入鳃血管在闭壳肌处与内脏团相连，而近江牡蛎仅右侧的鳃上腔

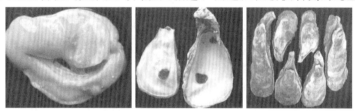

图 2-3 香港牡蛎的壳形特征
（引自 Wang et al.，2004）

与侧水腔直接相通。

4. 近江牡蛎

近江牡蛎俗称"红蚝"，历史上广泛分布于我国南方和北方沿海河口区，北自中朝边境的蜊子江，南至海南岛都有分布，目前在北方只在某些河口有近江牡蛎野生资源。近江牡蛎呈明显的杯状凹陷结构，有白色、灰色、黄色、褐色、紫色等颜色。壳的内面呈白色，闭壳肌痕呈 D 形或肾形，软体部颜色呈暗褐色，外壳呈圆形或卵圆形。与香港牡蛎相比，壳顶腔要浅，韧带槽较短（图 2-4），右壳上的同心生长纹明显，南方的近江牡蛎闭壳肌痕呈紫色或褐色，而北方的近江牡蛎闭壳肌痕为白色。近江牡蛎仅右侧的鳃上腔与侧水腔直接相通（Wang et al.，2004）。

图 2-4　近江牡蛎的壳形特征

（引自 Wang et al.，2004）

5. 熊本牡蛎

熊本牡蛎是我国南方沿海潮间带除福建牡蛎外的另一重要经济物种，主要分布在长江口以南沿海，在南通海区潮间带也有大量分布。

熊本牡蛎分为 2 种类型。一种为较大个体，长圆形或椭圆形，右壳面有脆弱的生长鳞片，壳面通常为黄色、青色或褐色等，夹杂有绿色斑纹，壳内面呈白色，闭壳肌痕呈白色。另一种为小型个体，壳形不规则，壳面为青色、白色，有的夹杂有褐色条纹，壳内面白色褐色相间，闭壳肌痕为褐色或黑色（图 2-5）（Wang et al.，2013）。

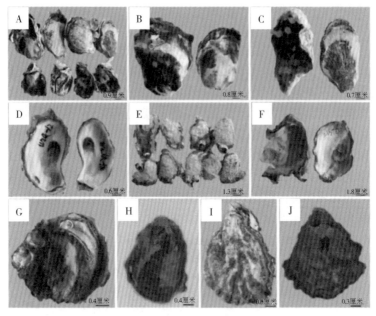

图 2-5　不同海域的熊本牡蛎壳形特征
A～D. 宁波　E～F. 舟山　G. 北海　H. 厦门　I. 俄勒冈州　J. 华盛顿州

二、主养种的区分和订名

1. "褶牡蛎"

"褶牡蛎"是我国北方沿海潮间带的常见牡蛎，最早被称为僧帽牡蛎（*Ostrea cuccullata* Born，1780），壳小型，分布于高低潮线之间。赵汝翼等（1982）报道了大连岸边礁石上的一种牡蛎，并称之为"褶牡蛎"（*Crassostrea plicatula*），从此大部分学者认为张玺等（1957）报道的僧帽牡蛎应为"褶牡蛎"，"褶牡蛎"这个名称开始被大家广泛接受和应用。李孝绪等（1989）认为北方沿海常见的"褶牡蛎"和张玺等报道的僧帽牡蛎均为长牡蛎。王海艳等（2009）在形态分类的基础上结合分子生物学方法证明我国北方沿海礁石上分布的牡蛎均为长牡蛎，从而验证了李孝绪等的结论，认为中国北方沿海潮间带常见的"褶牡蛎"应改称为长牡蛎。

2. "近江牡蛎""白蚝"与"红蚝"的区分及订名

近江牡蛎因其靠近河口分布而得名，中国科学院海洋研究所学者在1950—1955年对全国沿海的经济贝类进行了调查研究，记述"近江牡蛎"广泛分布于中国沿海，北自中朝边境的蛳子江，南至海南岛都有分布，从此"近江牡蛎"这个名称被大家广泛接受和应用。较早文献中提及的"近江牡蛎"是我国南方沿海常见的养殖牡蛎的统称。根据软体部颜色的不同，"近江牡蛎"分为"红蚝"（也称"红眼蚝""红肉"）和"白蚝"（也称"白眼蚝""白肉"）。"白蚝"的软体部颜色为雪白色，"红蚝"则接近褐色。关于"近江牡蛎"的"白蚝"和"红蚝"在学术界的分类问题长期存在争议。

李孝绪等（1989）首次对中国沿海的常见牡蛎进行了系统的解剖学分析，根据"白蚝"和"红蚝"内部解剖结构的差异，认为它们也应为不同的物种。Wang等（2004）对我国沿海典型海区"近江牡蛎"的"白蚝"和"红蚝"进行了系统的分类学研究。证实"白蚝"和"红蚝"应为不同的2个物种：建议"白蚝"订名为香港牡蛎（*Crassostrea hongkongensis*）（Lam & Morton，2003），"红蚝"订名为近江牡蛎（*Crassostrea ariakensis*），从而澄清了近江牡蛎异种同名的现象。

（本节作者：王海艳、许飞、李莉、张国范、郭希明）

第二节 生物学基础

一、外部形态与内部结构

1. 外部形态

牡蛎有左右2个贝壳，通过闭壳肌和韧带紧紧相连，保护内部柔软组织。牡蛎的右壳又称上壳，左壳又称下壳，一般左壳稍大，有不同程度的弧度。牡蛎以左壳附着在岩礁、木头、瓦片和贝壳等固体表面。贝壳的形状会受到附着物的种类、形状及附着面积等因素影响。此外，风浪和其他物种的附着也会影响贝壳的外形。总体来说，在同一生境下同种牡蛎的外形具有相对一致性。

2. 内部结构

各种牡蛎的内部结构基本一致，如彩图 9 所示。

（1）外套膜　外套膜包被整个软体部，有左右对称的两片。外套膜的边缘分为生壳突起、感觉突起和缘膜突起 3 个部分，分别具有贝壳的形成、感知外界环境的变化以及控制水孔大小等作用。

（2）鳃　鳃与外套膜相接，具有呼吸和过滤食物的功能。鳃共 4 片，位于鳃腔中，由无数鳃丝相连而成。大多数牡蛎的鳃与内脏团相通，都是右侧的鳃上腔与侧水腔直接相通。然而，近江牡蛎和香港牡蛎的解剖结构有明显差别。近江牡蛎与其他牡蛎相似，仅右侧的鳃上腔与侧水腔直接相通；而香港牡蛎的左右鳃腔均与右侧水腔直接相通，但中入鳃血管在闭壳肌处与内脏团相连，其前方的一段与内脏团分离（图 2-6）。

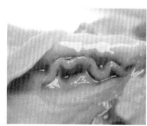

图 2-6　近江牡蛎（左）与香港牡蛎（右）外套腔特征
（引自 Wang et al.，2004）

（3）闭壳肌　闭壳肌的主要功能是控制壳的开合。牡蛎具有单闭壳肌，由一小半偏白色横纹肌和另外大半透明的平滑肌组成。

（4）消化器官　消化器官包括唇瓣、口、食道、胃、消化盲囊、晶杆、肠和肛门等。唇瓣位于鳃的前方和外套膜之间，共 4 片。口位于左右两片唇瓣中间。食道背腹扁平。胃呈不规则囊状，消化盲囊包围在胃的周围。晶杆是几丁质的透明棒状物，可以帮助搅拌消化食物。肠的中央有很大的肠嵴。肛门位于闭壳肌背后方。

（5）循环器官　牡蛎具有开放式的循环系统。由围心腔、心脏、副心脏、血管和血液等部分组成。围心腔位于闭壳肌前方，心脏由 1 个心室和 2 个心耳组成。副心脏在排水孔附近外套膜的内侧，分左右 2 个。牡蛎的动脉和静脉之间以血窦相衔接。

（6）排泄器官　牡蛎的肾具有排泄废物的功能，左右各一，由扩散在身体腹后方的许多小管和肾围漏斗组成。

（7）神经系统　牡蛎幼虫具有脑神经节、足神经节和脏神经节。牡蛎成体足神经节退化；脑神经节位于唇瓣基部，左右共 2 个；脏神经节位于闭壳肌腹面，脑神经节与脏神经节由脑脏联络神经连接。

（8）生殖器官　性腺是繁殖季节内脏团外围的乳白色组织。牡蛎的生殖器官可分为滤泡、生殖管和生殖输送管 3 部分。精子、卵子要依靠显微镜精确辨别。成熟的卵呈圆形，未成熟的卵一般呈梨形。卵子的大小因种类和繁殖方式不同存在差异。在载玻片上加 1 滴水，用牙签挑取少量成熟性腺可观察到精子或卵子：成熟的精子在水中呈雾状，无明显的颗粒分明的现象；成熟的卵子在水中呈均匀分布的颗粒状，用光束照射时肉眼可见到均匀分布的卵粒。

二、生态习性

1. 生活类型

牡蛎是典型的营固着生活的双壳贝类。经过幼虫期的浮游生活后，以其左壳固定在外物上，然后终生不移动。牡蛎在形态和生活习性等方面产生了适应这种固着生活的能力。其足部退化，不能移动，但具有非常坚硬发达且有棘刺的外壳，以保护自己。另外，牡蛎没有水管结构，通过开闭贝壳进行呼吸、摄食等活动。

牡蛎是滤食性贝类，以浮游植物和有机碎屑为食。牡蛎可以筛选食物大小，只能摄食比它口径小的食料，而对食料的化学性质基本没有筛选能力，除非是特别有害且刺激性强的物质。牡蛎在幼虫和成体时期的食料种类及大小因其消化和摄食器官发育情况不同而有明显差别。牡蛎胚胎发育至 D 形幼虫后，开始需要从外界摄取营养物质来维持生命活动，这时可以摄食一些直径在 10 微米以内的有机颗粒和单胞藻。成体牡蛎的食物来源广泛，包括浮游植物、有机碎屑、小型浮游动物等。不同分布区域牡蛎的食料受海域可摄食食物种类丰度的影响。研究认为，硅藻是长牡蛎主要的食物来源，绿藻和不同来源有机质的贡献也得到肯定。在北方规模化养殖海湾——桑沟湾养殖的长牡蛎胃内容物中发现绿藻门单胞藻是其食料的主要类群，其次是硅藻门、甲藻门等浮游植物。

如第一章所述，牡蛎具有群聚的特点，常形成由不同年龄的个体群聚而成的牡蛎礁。第 1 代先固着在石砾等固体物表面，第 2 年繁殖的后代固着在上一代贝壳上，新一代又以之前的个体为附着基固着生活，如此循环往复。幼贝固着在多年生的成体上，数量达第 1 代的数倍、数十倍或更多。同样，牡蛎自然分布区域也由逐年堆积的死壳和活的个体形成极其壮观的牡蛎礁（堆）。

2. 环境适应性

潮间带环境复杂多变，各种理化因子变化极大，所以自然分布在潮间带的各种牡蛎形成了应对这种多变环境的适应性。

（1）对盐度的适应 不同牡蛎对盐度的适应范围不同。长牡蛎和福建牡蛎为高盐种类：长牡蛎胚胎发育的最适盐度为 17～26，最适生存盐度为 15～35，最适生长盐度为 25～35，长牡蛎在盐度 6.5 以下时，能生存 40 小时；福建牡蛎繁殖的适宜盐度为 20～35。近江牡蛎和香港牡蛎则适合低盐条件：近江牡蛎适合在盐度为 10～25 的海区生存，最适生长盐度为 20～25，近江牡蛎在 0～60 的盐度下可存活 2 天；香港牡蛎的各项生理指标在 0～40 的盐度下可维持 48 小时的稳态。熊本牡蛎的适宜生长盐度为 20～25，适宜生存盐度为 15～25。

（2）对温度的适应 牡蛎对温度的适应范围比较广。我国南北

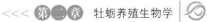

沿岸水温差别非常大，北方冬季近岸可结冰，而南方夏季水温甚至可达 40℃。然而温度差异悬殊的海区都有牡蛎栖息，有的甚至还是同种牡蛎。近江牡蛎和长牡蛎为广温性物种，可以在 −3～32℃存活。长牡蛎的最适生长温度为 5～28℃。栖息在南方的近江牡蛎对温度适应范围是 10～39℃，不过其可以耐受一定的低温，6℃时仍可以进行生理活动，冬季也可以摄食和生长。不同牡蛎胚胎发育的适宜温度不同。分布在不同环境下的牡蛎，在对温度的适应上可产生某些生理上的差别：南方的福建牡蛎半致死温度比北方的长牡蛎高 1.3℃，阿伦尼乌斯拐点温度也高 2.6℃（随着温度的升高，心率等生理指标先增强后减弱，心率突然下降时的温度即为阿伦尼乌斯拐点温度）。通常对于同种牡蛎，自然分布在南方的群体对高温的适应性更强，而北方的群体更能适应低温环境。

（3）对干露的适应　牡蛎对干露的耐受能力较强。退潮后潮间带暴露在空气中时，牡蛎两壳紧密闭合，以减少水分蒸发，这为牡蛎的鲜活销售、加工及引种、育苗和养殖生产提供了有利条件。不同种牡蛎对干露的耐受能力是不同的，同种牡蛎对干露的适应能力也会因气温和湿度的差异而发生变化。

3. 生物性敌害

（1）肉食性鱼类　牡蛎可被河鲀、黑鲷、海鲫、鳐类等肉食性鱼类直接捕食，尤其是稚贝。

（2）肉食性腹足类　红螺、荔枝螺、玉螺等腹足类也是牡蛎的敌害。荔枝螺对 1 龄以内的牡蛎有很大威胁，可将牡蛎穿孔后吞食其肉。

（3）甲壳类　许多蟹类，如锯缘青蟹常埋伏在固着基空隙里，以螯足破坏牡蛎的壳从而嚼食其肉。

（4）穿穴生物　凿贝才女虫、凿穴蛤、穿贝海绵等，可穿破牡蛎壳并穴居在内，容易引发细菌性疾病；穿穴在壳顶部，还会使牡蛎脱离固着基掉入泥中。

（5）附着生物　藤壶、海鞘、金蛤、苔藓虫、薮枝虫等，与牡蛎争夺食物和固着基，尤以藤壶为甚。

(6) 棘皮动物 分布在较高盐度海区的长牡蛎和密鳞牡蛎容易被海盘车摄食。

(7) 赤潮 赤潮是海水中浮游生物大量异常繁殖而引起的现象,常见的赤潮藻有裸甲藻、光甲藻、角藻、多甲藻、夜光虫、膝沟藻、原甲藻等,这些赤潮生物大量繁殖和死亡分解产生的毒素,可使海水变质引发牡蛎死亡。

三、繁殖特征

1. 牡蛎的繁殖方式

牡蛎的繁殖方式可分为幼生型和卵生型。

(1) 幼生型 在繁殖期间亲贝将成熟的生殖细胞排到鳃腔里,精子和卵子在此受精,经过卵裂发育成面盘幼虫后离开母体,在海水中营浮游生活一段时间,然后固着变态发育成稚贝。属于这种繁殖方式的有密鳞牡蛎、欧洲牡蛎和希腊牡蛎。

(2) 卵生型 在繁殖期间亲贝把成熟的精子和卵子排出体外,在海水中经过受精、卵裂,发育成幼虫,浮游生活一段时间后,再固着变态发育成稚贝。大多数牡蛎属于这种类型,如我国的5种主要养殖种类:长牡蛎、福建牡蛎、香港牡蛎、熊本牡蛎和近江牡蛎等。

2. 性别和性转变

牡蛎的性别可以通过多种方式判定,如可以直观地通过显微镜观察精卵细胞形态。除此之外,还可用肉眼鉴别:在玻片上滴1滴海水,从牡蛎生殖腺里吸取一些生殖细胞置于其中,若迅即散开,并能看到一个个极小的颗粒,即为雌性;若像稀薄的牛奶或呈烟雾状弥散,则为雄性。

牡蛎的性别很不稳定,在幼生型或卵生型牡蛎中,都有雌雄同体和雌雄异体的性状存在,并且它们互相间经常发生性别转换。关于牡蛎性变的原因,许多学者进行了研究,然而由于试验对象、地点、方法以及环境条件的不同,所得出的解释也不同,如水温、代谢物质、营养条件、雄性先熟以及寄居豆蟹都会影响牡蛎性变。然而，以上解释目前还不能圆满地解释牡蛎性变的原因。另外，牡蛎本身的遗传性状对性变的影响还缺乏研究。

3. 性腺发育过程

牡蛎生殖腺的发育过程一般可分为 5 个时期。

Ⅰ期：休止期。牡蛎亲贝的生殖细胞排放殆尽，软体部表面透明无色，内脏团色泽显露。

Ⅱ期：形成期。软体部表面初显白色，但薄而少，内脏团仍可见。生殖管呈现叶脉状，其内生殖上皮开始发育。

Ⅲ期：增殖期。乳白色生殖腺占优势，遮盖着大部分内脏团。生殖管内的卵原细胞和精原细胞开始转化为卵母细胞和精母细胞。

Ⅳ期：成熟期。生殖腺急剧发育，覆盖了全部内脏团，软体部极其丰满。生殖管明显，卵巢内几乎都是卵细胞，精巢中充满了精子。

Ⅴ期：排放期。生殖腺从软体先端逐渐向后变薄，重现褐色内脏团。生殖管透明，间有空泡，生殖细胞稀少。

了解牡蛎性腺的发育过程，对于牡蛎的采苗预报非常重要。此外，在牡蛎性腺发育过程中有一个显著的生化特征：糖原大量消耗。与其他海洋双壳贝类相比，由于牡蛎大多在潮间带营固着生活，结缔组织在休止期往往需要积累大量糖原以适应多变的环境；在性成熟过程中，糖原也是精卵发育的重要能量来源。

4. 排精与产卵

（1）生殖期　牡蛎一般从胚胎发生后经 1 年左右时间达到性成熟。一般来说，牡蛎的繁殖期大部分在海区水温较高、盐度较低的几个月。在整个繁殖期间，常会出现 2～4 次繁殖盛期。在福建的福建牡蛎，全年都可繁殖，但有春秋两次繁殖高峰。由于牡蛎的种类和所栖息环境不同，繁殖期存在差异。以近江牡蛎为例，栖息在南海珠江口附近的近江牡蛎，每年的 5—8 月为繁殖期，但生活在黄、渤海河口附近的近江牡蛎，繁殖期为 7—8 月。

据观察，长牡蛎产卵最先开始于个别亲体，然后产生连锁反应，互相诱导。这时，水域出现浓密白浊的精子团和卵子团，随着潮汐、海流、风波而成团块状或带状流动，并随之进行受精、孵化发育。

（2）产卵量　牡蛎从受精卵发生、变态至生长为性成熟个体的比率是非常低的。幼生型牡蛎初期是在亲体的鳃腔中，因此成活率较高，产卵量比较小，一般为 18 万～300 万个。卵生型牡蛎产卵和幼虫阶段是在自然海水中进行的，此期间成活率较低，产卵量较大，一般为数千万至 1 亿个，并且卵是分期成熟、分批排放的。

牡蛎每年的怀卵量和产卵量并不一致。在环境适宜的年份里，怀卵量大，大部分均能排出体外；而在环境不利的年份，怀卵量较少。可利用个体较大的牡蛎作为种贝。牡蛎的排精量比产卵量还要高数百倍。

四、发育和生长特征

1. 胚胎和幼虫发育过程

牡蛎的胚胎及幼虫发生可分为以下几个时期（图 2-7）。

（1）胚胎期　从卵的受精开始经过分裂，到胚胎发育至浮游幼虫（即孵化后的担轮幼虫）的阶段称为胚胎期。

（2）幼虫期　从担轮幼虫到稚贝附着的时期称为幼虫期，包括担轮幼虫、面盘幼虫 2 个时期。

①担轮幼虫。体外生有纤毛环，幼虫借助纤毛能够在水中做旋转运动，浮游于水体上层。此时，幼虫仍以卵黄为营养。该时期的幼虫有壳腺，从担轮幼虫后期开始分泌贝壳。

②面盘幼虫。该时期最大的特点是存在面盘。根据发育时间及形态的不同，又可分为 D 形幼虫、壳顶幼虫及匍匐幼虫。

a. D 形幼虫。又称面盘幼虫初期或直线铰合幼虫。壳腺分泌的贝壳包裹了幼虫全身，前后形成类似英文字母 D 的壳。此时，卵黄耗尽，因此需从外界摄食饵料。

b. 壳顶幼虫。铰合部开始向背部隆起，改变了原来的直线形状。壳顶发育到后期时凸出明显。

c. 匍匐幼虫。相较于壳顶幼虫，匍匐幼虫有 1 对黑褐色可见的眼点，位于鳃基前方，眼点细胞内有色素颗粒。此时，幼虫既可利用面盘运动，又可匍匐运动，后期只能匍匐生活。

（3）稚贝期　幼虫在浮游和匍匐一段时间后，便附着变态为稚贝。此时，外套膜分泌钙质贝壳，并分泌足丝，开始附着生活。幼虫变态为稚贝时，它的外部形态、内部构造、生理机能及生态习性等都将发生巨大变化。牡蛎变态有以下几个标志：①形成含有钙质的贝壳，壳形发生改变；②面盘萎缩退化，用鳃呼吸和摄食；③生活习性改变，从营浮游、匍匐生活变为附着生活。该时期是幼虫向成体过渡的阶段。

（4）成贝期　第 1 次性成熟后的时期，同时也是养殖的养成与育肥期。

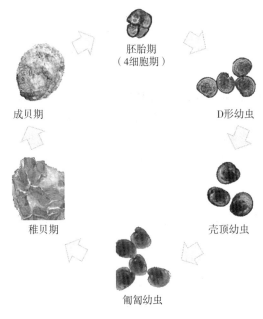

图 2-7　牡蛎的主要发育阶段

2. 影响胚胎和幼虫发育的因素

影响牡蛎胚胎和幼虫发育的因素包括非生物因素和生物因素。其中，温度和盐度是关键的非生物因子（表2-1）。

表2-1　各种牡蛎幼虫发育的适宜温度和盐度

种类	适宜温度（℃）	适宜盐度
长牡蛎	20～25	25～35
福建牡蛎	25～28	25～30
熊本牡蛎	26～28	20～25
近江牡蛎	22～27	20～25
香港牡蛎	25～31	15～25

（1）温度　长牡蛎在幼体发育时期的最适水温为 24～25℃，过高或过低的温度会改变牡蛎的发育速度，甚至导致发育畸形。因此，保温非常重要。

（2）盐度　牡蛎对盐度的适应性很广泛，如长牡蛎，可在盐度为 10～37 的海区生存。过高和过低的盐度都会导致牡蛎发育畸形甚至死亡。

（3）pH　海水的 pH 平均值为 8.1～8.2。牡蛎对海水 pH 的一般耐受范围为 7.9～8.2，pH 最低耐受值能达到 7.6。过高和过低的 pH 都会影响牡蛎壳的钙化，从而影响牡蛎幼虫的发育。全球变暖、海水 CO_2 分压的上升，都会对牡蛎幼虫的生长和存活造成影响。

3. 生长的季节变化

牡蛎是生长较为迅速的物种，大部分巨蛎属的牡蛎均可在 1 龄时达到性成熟。牡蛎的生长可分为壳的生长和软体部的生长，同时糖原等营养物质含量也具有周期性变化的特征。

壳的生长一般早于或快于软体部的生长。一般而言，牡蛎幼虫的浮游期为 20～25 天，通常壳高达到 350 微米后完成附着变态。长牡蛎壳的生长在附着后的半年内较快，2 龄长牡蛎壳的生长逐渐变缓。

软体部的生长具有周期性特征，一般晚于壳的生长，因为壳的增长使得壳腔体积增大，为软体部生长提供了空间。青岛的长牡蛎软体部干重在 11 月至翌年 7 月逐渐增加，直至翌年 7 月产卵后快速下降至较低水平。当年 11 月开始下一周期的增长。因为壳的增长逐渐放缓，所以软体部增长的速度也变缓。

软体部的营养物质含量，尤其是糖原、脂肪等影响牡蛎肉质的物质，也具有周期性变化特征。糖原、脂肪含量从产卵后的 9 月至翌年 4 月逐渐增加，其后快速下降。其原因为 4 月后海水温度达到 10℃以上，性腺开始发育，糖原、脂肪等作为营养物质被消耗，从而含量下降。

生长性状之间普遍具有较强的相关性。研究表明，1.5 龄商业群体的牡蛎壳高与壳长、壳宽、总重、软体重、干重等性状呈较强的正相关，壳高与出肉率、条件指数（软体部干重占壳腔容积的百分比）的相关性比较低。壳形与多数性状相关性较弱，肥满度与糖原、蛋白质和脂肪相关性分别为 0.35、−0.34 和 0.22，均达到显著水平。

牡蛎的生长受遗传和温度、盐度、饵料丰度等外部因素的影响。牡蛎的生长性状具有较高的遗传力，国内外学者通过群体选育的方式获得了长牡蛎、福建牡蛎等种类的快速生长品系。对于非生物因素，一般在适宜温度范围内，温度越高生长越快。盐度对生长的影响与温度类似。同时，盐度会影响饵料丰度，江河入海口附近盐度一般较外海低，尤其是雨季的南方地区。在雨季，很多港湾盐度低于 20，淡水的注入可为浮游植物带来丰富的营养盐，从而为牡蛎提供充足的饵料。此外，潮间带的牡蛎因饵料丰度低、周期性干露等影响，其生长速度仅为潮下带养殖模式的一半左右。

（本节作者：黎奥、许飞、李莉、张国范）

第三节　新品种

　　我国的牡蛎育种工作者围绕生长与营养品质等重要的经济性状，利用选择育种、杂交育种及分子育种技术，目前已培育了8个牡蛎新品种（表2-2），为牡蛎产业的高效绿色发展奠定了种质基础。此外，牡蛎抗性新品系也在研发过程中。总之，牡蛎基因组解码工作的完成，使得我国的牡蛎育种正在经历从传统育种到分子育种的跨越。分子模块化育种等全基因组选择育种技术的发展，使得基于多个优良性状聚合的"超级牡蛎"培育成为可能。

表2-2　牡蛎养殖新品种

品种名称	培育单位	审定时间
长牡蛎"海大1号"	中国海洋大学	2013年
牡蛎"华南1号"	中国科学院南海海洋研究所	2015年
长牡蛎"海大2号"	中国海洋大学	2016年
福建牡蛎"金蛎1号"	福建省水产研究所	2016年
长牡蛎"海大3号"	中国海洋大学	2018年
长牡蛎"海蛎1号"	中国科学院海洋研究所	2020年
长牡蛎"鲁益1号"	鲁东大学	2020年
熊本牡蛎"华海1号"	中国科学院南海海洋研究所	2020年

一、长牡蛎"海大1号"

　　长牡蛎"海大1号"（GS-01-005-2013）是中国海洋大学李琪团队以2007年山东乳山海区自然采苗的养殖牡蛎为基础群体，采用群体选育技术，以生长速度和壳形为主要选育指标，经6年选育而成。该品种贝壳长形、规则，外套膜边缘厚，黑色明显；在相同养殖条件下，15 月龄平均壳高较未经选育群体提高16.2%，总湿重提高24.6%，出肉率提高18.7%，壳形整齐度明显优于普通商品长牡蛎。适宜在我国江苏及以北沿海海域养殖（图 2-8）。

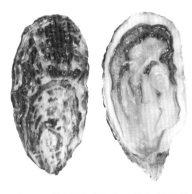

图 2-8　长牡蛎"海大1号"新品种

二、牡蛎"华南1号"

牡蛎"华南1号"（GS-02-004-2015）是中国科学院南海海洋研究所喻子牛团队采用种间杂种（香港牡蛎与长牡蛎）雄性个体与香港牡蛎快速生长系F_1雌性个体回交获得回交一代，将其作为基础群，通过表型性状与分子标记协同筛选，筛选出与香港牡蛎性状相似、生长较快的群体作为亲本进行自繁，培育出具有显著生长优势的牡蛎新品种。该品种外观与香港牡蛎较相似，具有发达的角质层，壳内面及肉色均为白色。"华南1号"牡蛎壳高、壳长、壳宽等形态特征与香港牡蛎非常相似，与长牡蛎有较明显的差异。该品种可在较高盐度沿海河口水域养殖（拓宽养殖区域盐度为5），适当扩大了现有养殖区域，适宜在福建、广东、广西和海南等南方亚热带及热带沿海河口水域养殖。由于该品种在适宜特定养殖区养成，几乎不存在生态风险，具有高效、安全等优点（图 2-9）。

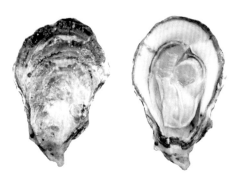

图 2-9　牡蛎"华南 1 号"

三、长牡蛎"海大 2 号"

长牡蛎"海大 2 号"（GS-01-007-2016）是中国海洋大学李琪团队以 2010 年从山东沿海长牡蛎野生群体中筛选出的左壳为金黄色的长牡蛎为基础群体，以金黄壳色和生长速度作为选育目标，采用家系选育和群体选育相结合的混合选育技术，经连续 4 代选育而成。相同的养殖环境下，与未经选育的长牡蛎相比，15 月龄平均壳高、平均体重和出肉率分别提高 39.7％、37.9％和 25.0％以上，左右壳和外套膜均为金黄色（图 2-10）。

图 2-10　长牡蛎"海大 2 号"

四、福建牡蛎"金蛎 1 号"

福建省水产研究所曾志南团队于 2009 年收集福建、广东沿海的福建牡蛎,以野生和养殖群体人工繁育后代为基础群体,以贝壳颜色(黄色)和生长速度(体重)作为育种目标性状,构建了各世代群体选育系,通过 4 代连续选育培育出性状遗传稳定的福建牡蛎黄壳色速长新品种"金蛎 1 号"(GS-01-008-2016),并在石狮深沪湾、晋江围头湾等海区开展了生产性能对比试验与中间试验,证明其生产性能优良,适合在福建海域养殖推广。"金蛎 1 号"具有贝壳金黄、颜色绚丽的特点,在相同养殖条件下,单体养殖生长速度比对照组平均提高 22.0%～37.7%,牡蛎壳附苗串养生长速度比对照组平均提高 9.7%～20.5%,平均亩*增产10.0%～32.5%,养殖单产明显提高,养殖成活率比对照组平均提高 4.8%。适宜在我国中南部沿海养殖(图 2-11)。

图 2-11 福建牡蛎"金蛎 1 号"

五、长牡蛎"海大 3 号"

长牡蛎"海大 3 号"(GS-01-007-2018)是中国海洋大学李

---

* 亩为非法定计量单位,1 亩≈666.7 米²。下同。

琪团队以 2010 年从山东沿海长牡蛎野生群体中筛选出的左壳为黑色的 360 个长牡蛎作为基础群体，以壳黑性状作为品种标记，以壳高和体重为选育指标，采用家系选育和群体选育技术进行壳色和生长性状的同步选择，经 6 代混合选育成功培育出左右壳和外套膜均为黑色、生长性状优良的长牡蛎优良品种。相同的养殖环境下，10 月龄平均壳高较未经选育的长牡蛎提高 32.86%，体重提高 32.87%，软体部重提高 64.49%，出肉率提高 22.68%，左右壳和外套膜均为黑色。适宜在山东、辽宁等省沿海养殖（图 2-12）。

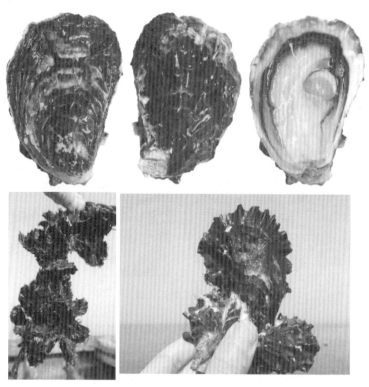

图 2-12　长牡蛎"海大 3 号"

六、长牡蛎"海蛎1号"

长牡蛎"海蛎1号"（GS-01-008-2020）是中国科学院海洋研究所张国范团队以2010年从河北乐亭长牡蛎野生群体中采集的约1 000个个体为基础群体，以糖原含量为目标性状，采用家系选育和分子模块辅助选育技术，经连续4代选育而成。具有肉质爽滑、口感鲜甜、蛎味十足的特点。在相同的养殖条件下，与未经选育的长牡蛎相比，10～11月龄的成贝糖原含量（干样）平均提高25.4%，生长速度保持不变。适宜在黄渤海牡蛎主产区人工可控的海水水体中养殖（图2-13）。

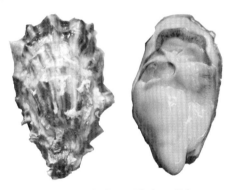

图2-13　长牡蛎"海蛎1号"

七、长牡蛎"鲁益1号"

长牡蛎"鲁益1号"（GS-01-016-2020）由鲁东大学杨建敏团队联合山东省海洋资源与环境研究院、烟台海益苗业有限公司、烟台市崆峒岛实业有限公司培育而成。亲本来源于山东烟台、威海和日照野生群体。该品种以长牡蛎糖原含量为目标性状，选育过程中充分利用长牡蛎繁殖周期短和可解剖受精的生物学特点，利用近红外光谱分析模型，采用最佳线性无偏预测育种技术，计算各家系糖原含量育种值，以 9.78%～49.18% 的家系留取率留取候选家系。该品种是以 2010 年从山东烟台、威海和日照 3 个海域收集的野生长牡蛎 3 000 个个体为基础群体，经连续 4 代选育而成。该新品种在相同养殖条件下，与未经选育的长牡蛎相比，1 龄商品贝软体组织糖原含量（干样）平均提高 19.3%。适宜在黄渤海牡蛎主产区人工可控的海水水体中养殖（图 2-14）。

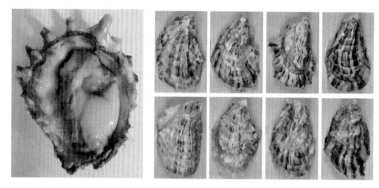

图 2-14　长牡蛎"鲁益 1 号"

八、熊本牡蛎"华海 1 号"

熊本牡蛎"华海 1 号"（GS-01-005-2020）是中国科学院南海海洋研究所喻子牛团队与广西阿蚌丁海产科技有限公司合作，以广东湛江的野生个体为亲本，建立核心基础群体后，以生长率为目标性状，利用连续混合选择的方法，按照 10% 留种率、1.755 的选择强度，结合分子辅助育种，经过连续 4 代的筛选繁育和培育而成。该品种具有种质纯、生长快、壳形优等特点。在相同养殖环境下，该新品种较未选育的熊本牡蛎生长率（壳高）提高 15.6%，鲜重提高 30.8%，产量提高 39.7%，外观整齐度提高 90% 以上；养殖周期较未选育的熊本牡蛎可缩短 0.5 年左右。"华海 1 号"新品种可采用盐度渐变式养殖模式养成，适宜养殖区域为广东、广西、福建、浙江、江苏等沿海中-高盐度海区水域。新品种为我国生产高端生食牡蛎提供了材料、技术保障，给优化牡蛎产业结构奠定了基础（图 2-15）。

图 2-15　熊本牡蛎"华海 1 号"

（本节作者：李琪、喻子牛、张跃环、曾志南、宁岳、杨建敏、王卫军、张国范、李莉）

第四节　三倍体牡蛎

一、三倍体的定义

自然界中的生物体大多数是二倍体，即包含着两套分别来自父母双亲的染色体组。多倍体是指体细胞含 2 倍以上的整倍染色体组数的生物。顾名思义，三倍体是有 3 套染色体的生物，四倍体是有 4 套染色体的生物，非整倍体是染色体数目不是成套增加或者减少，而是单个或几个的增加或者减少的生物。牡蛎的二倍体有 20 条染色体（$2n=20$），三倍体有 30 条染色体（$3n=30$），四倍体有 40 条染色体（$4n=40$）。近 20 余年来，水产动物特别是贝类人工诱导多倍体的研究取得了较大进展，已在 30 余种贝类中进行了多倍体的诱导研究。三倍体牡蛎多项生产性能存在优势，深受产业界青睐，并在世界范围内实现了产业化。

二、诱导原理及生产技术

1. 三倍体的诱导原理

二倍体生物的 2 套染色体分别来自母亲的卵子以及父亲的精子。卵子与精子的产生过程是生殖细胞 DNA 复制 1 次，然后细胞连续分裂 2 次，结果形成子细胞的染色体数目只有母细胞的一半，故称为减数分裂。牡蛎卵子排放时处于第 1 次减数分裂的中期，在受精后或经精子激活后再完成第 2 次减数分裂，释放 2 个极体，然后雌雄 2 个原核融合或联合，进入第 1 次有丝分裂，即卵裂。此外，牡蛎体外排放精卵、体外受精、精子和卵子数量大等特点为其多倍体诱导提供了有利条件。三倍体的诱导原理是利用许多化学和物理方法都可以抑制细胞分裂的特点，使细胞的倍性发生改变。化学方法主要是利用能够抑制分裂的化学物质来干预细胞分裂的过程，从而达到预期的目的。常用的化学药品有：细胞松弛素 B、6-二甲氨基嘌呤、咖啡因等，这些分裂抑制剂的作用机理有一定的差异。物理方法是在细胞分裂周期中施加物理手段干预细胞的正常分裂。常用的手段有温度休克法（包括高温和低温休克法）和静水压等。上述这些抑制细胞分裂的方法都各有特点，具体应用时需根据应用需求进行必要的摸索和调整。在生产上，多采用 6-二甲氨基嘌呤和温度休克法来生产三倍体，因为这 2 种方法毒性小、操作相对简单。

2. 三倍体的诱导技术

牡蛎多倍体诱导是在人工体外受精后，通过上述的化学或物理方法干扰正常的细胞减数分裂过程，从而产生三倍体、四倍体或者非整倍体。根据牡蛎的受精和发育特点，通过抑制第二极体的释放诱导产生三倍体是目前普遍采用的三倍体诱导方法（图 2-16）。

抑制第一极体与抑制第二极体的方法基本相同，只是施加处理的时机是在第一极体释放之前（图 2-17）。抑制第一极体释放产生三倍体的方法具有很大的局限性：抑制第一极体的释放导致第 2 次

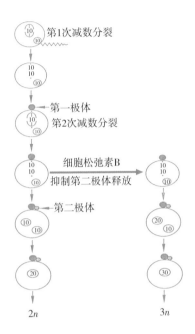

图 2-16　细胞松弛素 B 抑制第二极体释放示意图
(根据 Guo et al., 1992 修改制作；制图：王朝刚)

减数分裂过程中染色体分离复杂化，结果产生大量的非整倍体，影响胚胎的孵化率和幼虫的存活率。

利用化学方法直接诱导三倍体操作烦琐，生产的苗种无法保证三倍体率达到 100%。药物诱导也大大降低了幼虫的成活率和产量，药物是否残留在商品成贝也是一个疑问。因此，在实际生产应用中难以达到理想效果。

四倍体的成功诱导使以上问题迎刃而解，采用四倍体和二倍体杂交可以使三倍体率达到 100%。该方法被称为生物法，具有安全、可靠、稳定、可操作性强的优点，也是控制种群、保护生物多样性的最为理想的方法。迄今为止，四倍体贝类只在牡蛎中培育成功。新泽西州立大学郭希明教授用牡蛎二倍体产生的精子与极少数可育的三倍体产生的卵子受精，并抑制第一极体的释放，最早成功

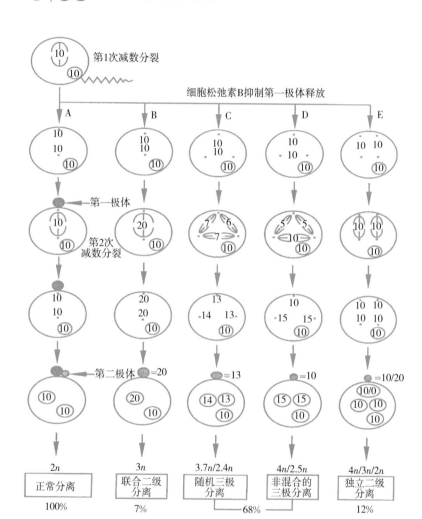

图 2-17　利用细胞松弛素 B 抑制第一极体释放（B～E）示意图
（根据 Guo et al.，1992 修改制作；制图：王朝刚）

地获得了可存活的牡蛎四倍体，将诱导的四倍体培养至性成熟，且与正常的二倍体杂交成功，获得了 100% 的三倍体（Guo et al.，1994、1996）。目前，利用四倍体父本与二倍体母本交配获得三倍体是三倍体苗种商业化生产的最优途径。

3. 牡蛎倍性的检测方法

（1）染色体计数法　染色体计数法（图 2-18）是倍性检测最准确、最直观的方法。通常早期胚胎的倍性多采用压片法鉴定，而胚胎、幼虫、稚贝和成贝的倍性可用滴片法鉴定。主要流程为将组织经过秋水仙素、低渗、固定等一系列处理制成染色体标本，随后用染剂染色，用显微镜镜检计取染色体的数目。该方法是精准确定染色体倍性的方法，但流程比较烦琐，因此，不适合高通量的倍性检测。

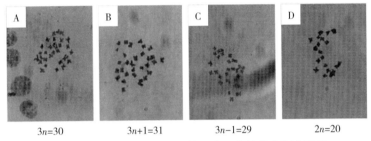

图 2-18　牡蛎二倍体、三倍体及非整倍体的中期分裂相
（引自姜波等，2007）

（2）流式细胞术　流式细胞术是倍性鉴定的另一个直接有效的方法。其基本原理是用 DNA-RNA 特异性荧光染料给细胞染色，用激光或紫外线激发结合在细胞核的荧光染料，依次检测每个细胞的荧光强度，因 DNA 含量的不同得到荧光强度的不同分布峰值，与已知的二倍体细胞或单倍体细胞（如同种的精子）荧光强度对比，判断被检查细胞群体的倍性组成。例如，二倍体 DNA 含量是单倍体（精子）的 2 倍，三倍体 DNA 含量是单倍体（精子）的 3 倍、二倍体的 1.5 倍（图 2-19）。幼虫期的组织及稚贝和成贝的鳃、血淋巴、外套膜和闭壳肌等组织均可用该方法进行分析。

流式细胞术最显著的优点是能快速地分析大量样品；缺点是非整倍体检测效率低，其鉴定的整倍体可能包括增加或减少了几条染色体的非整倍体（Guo et al.，1994）。此外，所用的仪器相对昂贵。

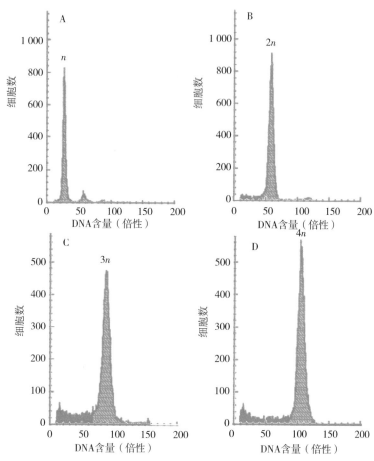

图 2-19　单倍体、二倍体和三倍体及四倍体 DNA 相对含量示意图

三、三倍体牡蛎的特征

　　三倍体牡蛎难以进行减数分裂形成配子，因此性腺发育不全甚至不育。但是三倍体牡蛎并非完全不育，有少部分可以产生成熟配子。部分看似可育的三倍体牡蛎，配子质量很低。三倍体牡蛎育性

较差的特点，造成了其较二倍体牡蛎具有生长速度更快、肉质更肥美、口感更好的特点。三倍体生长迅速的阶段主要是二倍体的繁殖季节及繁殖后，性腺发育差使得其将能量用于生长，因而可更快地达到上市规格。三倍体的肉质和口感不会在繁殖季节前后变差，可填补传统二倍体牡蛎夏季销售的空窗期。而且，三倍体牡蛎配子量少，可减少夏季高温对其繁殖的影响。笔者2020年在暴发牡蛎夏季规模死亡的山东胶南海域发现，三倍体牡蛎比二倍体牡蛎具有较高的存活率。但总体来说，关于三倍体牡蛎的抗性能力，存在一定的不确定性。有些研究报告说三倍体牡蛎具有更高的度夏存活率及抗病能力，但也有报道称，与二倍体牡蛎相比，三倍体牡蛎在抗性能力方面并无显著优势（Guo et al.，2009）。此外，三倍体牡蛎繁殖力低，也可在外来种的引进过程中降低对当地环境产生基因污染的风险。

四、三倍体牡蛎产业现状

三倍体牡蛎在高端牡蛎生产国家具有较高的占比。目前，三倍体牡蛎在法国占人工苗的80％，占法国整个牡蛎市场的40％，在澳大利亚占40％，在美国占30％～40％。三倍体牡蛎在法国、澳大利亚、美国3个国家的产值每年约19亿元。我国一直注重多倍体技术的研发，在"九五"期间专门设定高技术研发计划用以支持多种水产生物多倍体的研发工作。然而，受市场等因素的影响，近几年才真正实现三倍体牡蛎的产业化生产。截至2020年，按照苗种生产量计算，三倍体在长牡蛎中的占比已达60％～70％。目前，业界针对各品种的三倍体牡蛎研发工作已陆续展开，牡蛎新品种苗种三倍体化不仅是牡蛎养殖业发展的需求，也是新品种在推广过程中保护知识产权的重要方式。

（本节作者：李莉、张娜、张国范）

第三章
牡蛎绿色养殖技术

第一节　长牡蛎生产技术

一、长牡蛎苗种生产技术

（一）人工育苗

亲贝的选择标准为：壳高 80～150 毫米，个体重 50～150 克，次生壳无破损，壳高∶壳长∶壳宽为 3∶2∶1，肥满度＞10％等（图 3-1）。

图 3-1　长牡蛎种贝

1. 亲贝促熟

（1）室内人工促熟 将亲贝剥离为单体后洗刷干净，在室内培育池中用浮动网箱蓄养（图3-2）。促熟期牡蛎的放养密度为5～10千克/米³，每12小时换水1次，每次换水量为50%量程。每48小时倒池1次，计划繁殖期前7～10天停止倒池，适量换水。饵料以活体硅藻为主，蛋黄、螺旋藻粉、酵母等人工代用饵料为辅。单细胞藻类的日投饵量为10万～40万个/毫升，每天挑拣死亡个体2次，以避免亲贝发生规模性死亡。亲贝入池后先在常温海水中适应3～5天，

图3-2 种贝人工升温促熟

随后每天升温0.5～1℃直至22℃左右，稳定5～7天后即可用于繁殖。采用此升温流程可在30天内完成种贝促熟，较传统方法促熟时间减少约50%，海水和能源节约50%以上。

（2）室外生态促熟 若计划的繁殖时间为5月中旬以后，则可在3月将种贝从外海取回育苗厂，放至水深1～2米、面积2 000米²以上的饵料丰富的海水池塘。利用浅水池塘较外海春季升温快、饵料丰富的优势，种贝可以迅速成熟（彩图10）。此法可大规模促熟亲贝，能源节约接近100%。

2. 授精孵化

牡蛎的精、卵可以通过人工诱导法和解剖法获得。

（1）人工诱导法 将性腺发育成熟的种贝阴干1～2小时后，放到24～25℃的升温海水中0.5～1.5小时，一般雄性个体先排放精子，发现精子排放后可将雄贝捞出，雌性个体后续产卵；若长时

间无雄贝排放精子，则可将解剖后的雄性个体的精子泼洒到水中进行催产。

（2）解剖法　去除牡蛎右壳，用牙签取少量性腺涂于载玻片上的少量海水中，呈颗粒状散开的为卵子，呈烟雾状散开的为精子。利用显微镜进一步确定雌、雄个体后，分别刮取雌性和雄性性腺并用 200 目筛绢过滤除去杂质，用水桶收集纯净的卵子和精子，卵子在海水中熟化 0.5～1 小时后即可开始授精。

精液浓度控制在 10 倍显微视野下每个卵子周围可见 1～10 个精子即可。孵化密度控制在 100 个/毫升以内，担轮幼虫期之前每 2 小时搅池水 1 次。水温 24℃时，受精卵经 20 小时左右发育为 D 形幼虫。选优前停气 10 分钟，用 300 目的网兜和网袋将幼虫移入培育池（图 3-3）。

图 3-3　选优用的 300 目网兜和网袋

3. 苗种培育

（1）幼虫密度　D 形幼虫培育密度一般为 10～20 个/毫升，随幼虫生长逐步降低密度，到眼点幼虫期控制在 2～3 个/毫升。

（2）饵料　D 形幼虫一般用金藻开口，开口后可投喂小球藻，壳顶中期后添加扁藻可加快幼虫的生长。也可将金藻作为整个苗种培育阶段的饵料（图 3-4）。投饵频率为 2～8 次/天，投饵量视幼虫的摄食情况适当增减。

（3）换水　选优后加水量为培育池量程的 50%～60%，前 3～4 天每天加水 10%～20%，加满水后到附着前每天换水 20%～

图 3-4　金藻的保种和生产系统

30%，附着后每天换水 50%，前期用 300 目网箱，后期可视幼虫生长逐渐更换为 200 目和 160 目网箱。整个流程可无倒池操作，稚贝期可用虹吸法去除池底粪便。采用该法可节约能源和海水约 70% 以上，节约人力 50%（图 3-5）。

图 3-5　300 目换水网箱

　　（4）充气　连续微量充气，气石的投放密度为 1～1.5 个/米^2。幼虫早期充气量需求相对较小，壳顶后期需加大充气量（图 3-6）。

　　（5）微生态制剂　换水后添加 1～2 克/米^3 光合细菌和海洋红酵母等相关微生态制剂，增加有益微生物的比例，优化幼虫的生长环境（图 3-7）。

图 3-6 充气系统

图 3-7 光合细菌培养系统

（6）苗种生产绿色节能技术 长牡蛎苗种的主产区（莱州）已完成了"煤改气"工程，春季育苗的采暖能量主要来自天然气。采用天然气的主要优势为能源利用率显著提高，热效率由 70％～80％提高到 90％～95％，功率增大，可缓解育苗季供暖不够的问题；环保性好，由于天然气本身燃烧充足且燃烧清洁，排放无污染；投资成本低，虽然天然气价格较煤炭高，但节省了运输费、人工费、储存费等，长期运营可能天然气整体更有优势。但天然气也存在价格高、供应不稳定的问题（图 3-8）。

地源热泵是陆地浅层能源通过输入少量的高品位能源（如电能）实现由低品位热能向高品位热能转移的装置。通常使用地源热泵消耗 1 个单位的能量，可得到 44 倍以上的热量。莱州部分

图 3-8 天然气加热系统
(刘剑供图)

企业为缓解冬季天然气紧缺问题，通过地源热泵供暖系统，利用电能作为驱动，充分挖掘地热，基本实现了生产过程中空气污染物和二氧化碳的零排放，长期使用成本与传统的烧煤锅炉系统基本持平（图 3-9）。

图 3-9 地源热泵加热系统
(刘剑供图)

板式换热器是用薄金属板压制成换热板片叠装而成的一种换热器。各种板片之间形成薄矩形通道，通过板片进行热量交换。为解决废水能量问题，构建了废水能量回收系统。采用板式换热器可以将高温废水用来加热海水，较传统方法可节约能量 50％以上（图 3-10）。

（7）幼虫设施化高密度培育技术 苗种设施化高密度培育是环境倒逼和产业健康发展的需要。对传统苗种培育设施进行产业升

67

图 3-10　板式换热器能量回收系统
(刘剑供图)

级，构建集约化、自动化水平高、低能耗、环保的生产设备是产业发展的趋势。循环水培育是一种节能环保、健康高效的新型育苗模式。苗种培育过程中，饵料实行精准化按需投喂，苗种培育密度高（高于 50 个/毫升），水资源利用率高（＞95％），能够极大地提高饵料、水资源等的利用率，节约水体升温能耗，便于进行水温、盐度等水质参数的调控，节省空间和劳动力成本。目前，澳大利亚、法国、美国等发达国家正在开展牡蛎幼虫的高密度培育技术研究，已基本建立了流水式高密度培育模式，在流水实验条件下长牡蛎幼虫培育密度可达到 100 个/毫升。邱天龙等（2017）研究并建立了牡蛎幼虫运动摄食行为模型，揭示了双壳贝类幼虫运动摄食的特征和规律，设计了一种适宜规模化生产的牡蛎幼虫高密度养殖系统，提出了滤鼓设计的理论公式和幼虫培育过程中单胞藻保活循环利用的新思路，为牡蛎幼虫循环水高密度培育系统的构建提供了较为全面的技术支撑（彩图 11）。

4. 采苗

（1）常规采苗器　将壳高 5～8 厘米的栉孔扇贝壳或壳高 8～12 厘米的虾夷扇贝壳中间打孔，用聚乙烯线每 100 片串成一串，投放密度为 50～60 串/米^3（彩图 12）。

（2）采苗时间　当 30％幼虫出现明显的眼点时，用 80 目的筛绢将眼点幼虫集中投放到附苗池，幼虫密度以 1～3 个/毫升为宜，一般 1～3 天后，每片采苗器有 10 个稚贝以上时，即完成附苗（图 3-11）。收集幼虫投放到另外的采苗池继续采苗。眼点幼虫耐干能力较强，可进行远距离采苗，实现不同地区的优势互补，减少升温的能源消耗和附着基的运输费用及损耗。

图 3-11 附有牡蛎稚贝的采苗器

（3）单体采苗　单体牡蛎苗的生产原理是对眼点期幼虫进行适当的物理或化学处理，使之单独附着在不同基质或不附着变态为稚贝（图 3-12）。常用方法如下。

①软质塑料脱基法。用打包带或波纹板等有一定结构强度和韧性的无毒塑料材质作为采苗器，控制适当的附着密度，室内完成采苗后将采苗器放置到风浪较小、饵料丰富的池塘进行中培，当稚贝生长到 2 厘米左右时，弯曲塑料采苗器可使稚贝脱基成为单体牡蛎。

②肾上腺素和去甲肾上腺素化学诱导法。用 80 目的筛绢筛选幼虫，选取眼点成熟度好、足开始伸出壳外的幼虫作为处理材料，参考浓度为 1×10^{-4} 摩尔/升，处理时间为 1～3 小时，使其面盘、足丝退化，实现无附着基变态。

③颗粒物采苗法。出现眼点幼虫时，投放直径为 300～500 微米的贝壳粉或石英砂颗粒等作为固着基，通过充气和上升流系统使固着基颗粒均匀分布于水体中，通常每个颗粒附着一个稚贝较为理想。颗粒直径增大有利于提高变态率，但单体率会下降，即一个颗粒固着 2 个及以上稚贝的比例增大；颗粒直径过小，单体率升高，但附苗量降低。

5. 稚贝培育

幼虫附着变态后应加大换水量，日投喂单胞藻饵料密度为 $(1\sim2)\times10^{5}$ 个/毫升。稚贝壳高 1～3 毫米时，可转移到室外暂养

图 3-12　药物和打包带处理单体牡蛎

池等待出售（图 3-13）。一般暂养池与养殖海区水温差小于 8℃时即可转移到外海养殖。

图 3-13　稚贝池塘暂养

（二）半人工采苗

1. 采苗海区

一般为风浪较小的内湾，水深 4～10 米，周边有一定量的野生牡蛎或养殖牡蛎，最好无贻贝和藤壶等污损生物及螺类等敌害生物，水质符合 GB 11607 标准，采苗时海水温度为 20～24℃，盐度为 20～30。不同海区的集中产卵期有差异，其中威海荣成和青岛附近海域牡蛎自然产卵期一般在 7 月左右，乳山海域的一般在 5 月中旬左右，不同年际的产卵时间可能受水温和降水影响而有差异。

2. 采苗期

在青岛附近海域一般 6 月初开始监测海区牡蛎的性腺发育情况，密切注意水温和降水天气。若水温超过 18℃ 且有大量降水，则极有可能诱导集中产卵，采集海区的牡蛎样品，若性腺有超过 30% 的部分变为产卵后的透明状，说明为集中产卵期。产卵后前 15 天每 2 天取样 1 次，监测幼虫的密度和生长及敌害生物的情况，当幼虫壳高达到 300 微米时，一般 2～3 天后即为集中附着期。若幼虫的密度超过 50 个/米³，且眼点幼虫的比例超过 25%，藤壶等幼体较少，可投放采苗器进行集中采苗（张玺，1959）。

3. 采苗器

半人工采苗的方式为将室内的采苗器直接挂海或将其分离为单体后装到养殖笼中。效果比较好的是将采苗器串到养殖绳上，30 条养殖绳扎成一捆后用网衣包裹，采苗器顶部距离海面约 50 厘米（图 3-14）。这种方式的优点是减少了附苗后来回搬运的成本，采苗器在水体中垂直分布，附着泥沙的概率变小且附苗更为均匀。此外，采苗绳外有网衣包裹，可减少敌害生物和附着物对牡蛎的影响。

图 3-14　半人工采苗器

4. 中培和养成

集中附苗后需密切注意附苗量和敌害生物，当每个采苗器平均附苗量达到 20 个左右时，将采苗器移出采苗区，转移到常规养殖海区进行中培；若发现有海鞘等污损生物大量附着，可将采苗器放置到阳光下干露暴晒 1～2 小时，再次入水后海鞘等会大量脱落死亡。养成阶段的管理方式与人工育苗期相同。

二、长牡蛎养成技术

目前，长牡蛎养殖以浮筏养殖为主，这种方式的主要优点是因无潮间带养殖干露的问题，摄食时间长、生长速度快，可缩短养殖周期；养殖水层与海底有一定距离，长牡蛎可躲避底栖敌害生物；受海区底质限制小，可扩展养殖空间。

（一）海区条件

风浪较小，低潮时水深 4 米以上，有淡水注入的湾口海区为佳；要求冬季无海冰，夏季水温不超过 30℃；表层流速以 0.3～0.5 米/秒为宜，尽量避开贻贝、海鞘等大量附着区，养殖水质应符合 GB 11607 的规定（王如才，2004）。

（二）设施条件

一条养殖浮筏由 1 条浮绳、2 条橛绳、2 个木橛及若干个浮球组成（图 3-15）。

1. 浮绳和橛绳

绳子的直径根据海区风浪进行调整，一般海区采用直径为 1.5～2 厘米的聚乙烯绳。浮绳的长度一般为 50～100 米，橛绳的长度视水深而定，一般为水深的 2 倍左右，浮绳的间距一般为 10～20 米。

2. 木橛

一般木橛的长度为 100 厘米左右，直径 15 厘米左右，在上端 1/4 处打有孔洞，将橛绳穿过木橛的孔洞并打结，进而完成对浮绳的定位。

3. 浮球

传统的黑色浮球呈圆球形，底部有 2 个耳孔，通过绳索绑在浮绳上，主要材质为废弃回收塑料，长期使用有污染问题。目前有新型环保聚氯乙烯充气浮球，最大优点是浮力大且可调节，在风浪大的天气可使浮绳均匀沉降，减少牡蛎脱落的损失，寿命长，有益于环保，不会产生大量的塑料泡沫垃圾。

图 3-15　长牡蛎筏式养殖区

（三）养成方式

1. 筏式吊绳养殖

当稚贝壳高达到 0.5 厘米以上时，即可将采苗器固定在直径 0.6～1.5 厘米的聚乙烯或聚丙烯绳上。依养殖海区水深条件，养殖绳长一般 1.5～4 米。用直径 0.6～0.8 毫米的聚乙烯线将采苗器固定在养殖绳上，采苗器的间距为 10～15 厘米，每条养殖绳 10～35 个采苗器，养殖绳底部连接一个约 200 克的石坠（彩图 13）。第 1 次挂海养殖时，一般每 30 绳一组悬挂在养殖绳上，当稚贝壳高 2～3 厘米时，将其分为单根，各串养殖绳的间距为 50 厘米以上（图 3-16）。这种养殖方式可将牡蛎从稚贝阶段养到成贝阶段，但随着牡蛎的生长其抗风浪能力显著下降，牡蛎脱附着基的概率大大提高，因而需要注意风浪的影响。

牡蛎养殖过程中无须投放饲料，但仍需进行一定的管理：及时清理黏附在浮绳和浮球上的贻贝、杂藻等附着物；随着牡蛎生长，浮筏的负重会增加，需及时调整增加浮球以保证有足够的浮力，防止台架下沉，甚至牡蛎陷入海底，影响生长；台风来临前提前做好浮筏的加固工作，台风后及时维修筏架，解开缠绕的养殖绳，防止相互摩擦导致牡蛎规模脱落。

图 3-16　筏式吊绳养殖

2. 筏式网笼养殖

筏式网笼养殖的设施和布局与筏式吊绳养殖基本相同，主要区别为牡蛎的养殖器具为网笼。目前，产业中广泛采用的筏式网笼养殖通常为稚贝经筏式吊绳养殖 1 年后，在秋冬季进行转场育肥采用的阶段性养殖方式。每层网笼一般放牡蛎 20～30 粒，每笼 10～20 千克，笼间距一般为 1～2 米。从稚贝到成贝均采用筏式网笼养殖方式的比例很低，主要在某些风浪较大，且水深较深，不宜进行筏式吊绳养殖的海区。此外，进行单体牡蛎养殖需要采用筏式网笼养殖方式（图 3-17）。这种养殖方式的资金和人工成本较高，主要原因为春夏季网笼容易被污损生物大量附着，影响水流的交换能力，且筏架负载较重，养殖笼的破损率高，需要定期分笼。而成贝转场育肥通常在秋冬季，避开了附着高峰期，且牡蛎外壳生长较少，主要表现为软体部的增重，育肥阶段基本不需要换养殖笼，从而阶段性地避免了筏式网笼养殖的劣势，因而在产业中得以广泛应用。

图 3-17　筏式网笼养殖单体牡蛎和分苗

（本节作者：丛日浩、邱天龙、李莉、张国范）

第二节　福建牡蛎生产技术

福建沿海海域面积辽阔，海岸线绵长、港湾曲折，为牡蛎养殖提供了得天独厚的条件，从南端诏安到北端福鼎都有牡蛎养殖。福建牡蛎养殖历史可追溯到宋代，闽东北以插竹养殖牡蛎为主，闽中南以投石养殖牡蛎为主，到明清代，福建投石养殖牡蛎已十分普遍。目前，福建牡蛎苗种生产主要有工厂化人工育苗和海区半人工采苗；养殖方式绝大部分为垂下式养殖，包括棚架式和延绳式，少部分为传统滩涂条石养殖。2020 年，福建牡蛎的养殖面积 3.66×10^4 公顷，占全国牡蛎养殖面积的 22.12%；养殖产量 206.86×10^4 吨，占全国牡蛎产量的 38.13%（农业农村部渔业渔政管理局，2021），养殖面积和产量均位居全国首位。

一、福建牡蛎苗种生产技术

（一）人工育苗

1. 亲贝的选择和促熟

（1）亲贝选择　挑选 1～2 龄、体长 6 厘米以上、个体重 85 克以上，且活力好、性腺发育成熟度高、无损伤的个体作为亲贝（图3-18）。

（2）池塘促熟　将亲贝移入池塘中，育肥期间池塘水温为20～30℃，盐度为15～30，定期检查亲贝性腺发育情况，

图3-18　福建牡蛎亲贝

当观察到亲贝性腺饱满且覆盖整个软体部时，即可进行人工育苗。

2. 亲贝产卵

（1）催产　采用阴干（彩图14A）、升温流水刺激（彩图14B）等方法，诱导性腺发育成熟的亲贝集中大量排放精、卵。一般将亲贝阴干3～5小时，流水刺激1～2小时，然后放入升温3～5℃的海水中；也可在阴干后，直接用升温3～5℃的海水流水刺激1～2小时；也可在夜间将亲贝阴干10～12小时，再放入海水中排放精、卵。

（2）人工授精　将亲贝右壳打开，取出软体部，再挑选性腺饱满、成熟度好的个体作为亲体（彩图14C）。一般根据软体部颜色可判断雌雄，雌性呈淡黄色，雄性呈乳白色，也可采用显微镜下观察或用滴水法区分雌雄。将挑选出的雌雄个体分开，分别在海水中洗卵、洗精（彩图14D），并用300目筛绢网过滤杂质（彩图14E）。卵子在海水中浸泡0.5小时后，加入适量的精子，精子浓度以每个卵子周围有3～4个精子为宜。

3. 孵化

卵子授精后15～30分钟，倒入育苗池中孵化（彩图14F），育苗池水位0.5米，孵化密度为5～10个/毫升，微充气。水温23～28℃，盐度20～30，受精卵经16～24小时发育为D形幼虫。

4. 幼虫培育

将育苗池的水位加至1米，D形幼虫经4～5天发育为早期壳顶幼虫，再将育苗池的水位加满。由于受精卵采用大水体孵化，孵化密度较低，且严格控制精子的数量和进行洗卵，因此可直接加水培育，无须选优。幼虫培育密度前期为3～5个/毫升，中后期为

1～2 个/毫升。幼虫前期投喂金藻和角毛藻，投喂密度为 $(1～2.5)×10^4$ 个/毫升，中后期投喂金藻、角毛藻和小球藻，投喂密度 $(3～10)×10^4$ 个/毫升，早中晚各投喂 1 次（图 3-19 至图 3-21）。幼虫培育至中后期，视密度情况分池培育；培育期间添加光合细菌抑

图 3-19　饵料一级培养

制有害细菌繁殖，幼虫培育期间采用不换水培育的方法。

图 3-20　饵料二级培养

图 3-21　饵料三级培养

5. 附着基投放

（1）种类　宜用壳高 8 厘米以上的牡蛎左壳（图 3-22）或长 20～30 厘米、宽 1～3 厘米、厚 0.1～0.3 厘米的聚丙烯塑料片（图 3-23）作为附着基。

（2）处理　用 60～80 丝聚乙烯绳将洗净的附着基串在一起，牡蛎壳每串 200 片（4 小串，每小串 50 片壳）左右，聚丙烯塑料片每串 90 片。附着基清洗干净后，用 0.2% 的漂白粉溶液（含氯量 35%）浸泡 24 小时，再经砂滤海水冲洗干净待用。

（3）投放　将成串附着基垂挂在水体中，投放密度为牡蛎壳

10～15 串/米³，聚丙烯塑料片 15～20 串/米³。幼虫附着变态需要 2 天，附苗密度以每个牡蛎壳 30～40 个稚贝或每个聚丙烯塑料片 60～80 个稚贝为宜。

图 3-22　牡蛎壳附着基

图 3-23　聚丙烯塑料片附着基

6. 稚贝培育

饵料以小球藻、扁藻和角毛藻为主，辅以金藻，投喂密度为 (10～30)×10⁴ 个/毫升，每天换水 100%，一般在室内培育 7～10 天后稚贝生长至壳长 1 毫米左右时出苗（图 3-24）。稚贝出苗前3～5 天，每天应将池水排干 1～2 小时，让稚贝干露进行炼苗操作，以提高稚贝下海后的成活率。

图 3-24　稚贝培育和出苗

7. 稚贝海上暂养

在分苗疏养前用聚乙烯网袋装好，每袋装 10 串，整袋挂养于海上，一般暂养 2 周左右。稚贝下海暂养除根据天气情况外，还应错开藤壶、贻贝等附着生物的附着高峰期，以确保贝苗安全、健康、快速生长。

8. 分苗疏养

稚贝暂养 2 周后，壳长达到 5 毫米以上，可进行分苗疏养。分苗过程为把成串牡蛎壳解开，用 2.5 米长的 60～80 丝的聚乙烯绳将附有稚贝的牡蛎壳串联，每片壳间隔 10～20 厘米，每串 9 片壳。

（二）半人工采苗

福建牡蛎的半人工采苗均在滩涂上进行，主要采苗方式有棚架采苗和插竹采苗两种，其中棚架采苗是在滩涂桩上垂挂牡蛎壳、聚丙烯塑料片（绳）等附着基进行采苗（彩图 15），而插竹采苗是在滩涂上利用竹子进行采苗。采苗场主要分布在同安湾、围头湾、深沪湾、大港湾、平海湾和福清湾等地。

1. 采苗海区的选择

一般选择潮流畅通、风浪较小，且有一定数量野生或养殖的福建牡蛎资源，底质一般以软泥底为宜（图 3-25）。棚架式采苗和插竹采苗适宜设置在潮间带的中潮区和低潮区附近至水深 0.4 米的浅水层。采苗海区的水温为 22～30℃，盐度为 20～30。

图 3-25　棚架采苗海区（深沪湾）

2. 采苗期

应选择在繁殖盛期进行半人工采苗，即每年 5—6 月和 9 月。其中，以 5—6 月采"立夏苗"和"小满苗"为主。

3. 采苗预报

主要依据性腺发育程度及浮游幼虫密度进行综合判断。

（1）性腺发育程度观测　在繁殖盛期前，每天定点取 30 个牡蛎解剖。若发现性腺遮盖整个软体部，则进一步镜检，若精子活泼、卵子呈圆球形或椭圆球形，说明性腺已成熟。若性腺由丰满突然变瘦，呈半透明状，则说明已产卵或已排精。

（2）浮游幼虫密度观测　产卵后 5～6 天开始，选择有代表性的水域，每隔 1～2 天用浮游生物网进行取样，分别拖取上、中、下层水中一定数量的样品，经甲醛固定后，镜检并记录各个发育阶段浮游幼虫的数量和比例。壳顶后期幼虫数量达 25 个/米^3 以上时，为投放附着基进行采苗的有利时机，应及时发出采苗预报。

4. 附着基的种类和制备

附着基有竹子、牡蛎壳及塑料片等。根据采苗海区的底质、海况等条件，选用不同附着基，以提高采苗量。

5. 采苗方式

（1）棚架式采苗　在风浪较平静的海区低潮线附近，干潮时水深 1～2 米，树立木桩、水泥柱或石柱等，上面用竹、木、水泥柱纵横架设成棚架，将成串的采苗器悬挂于棚架上进行采苗。每串采苗器长 1～2 米，利用贝壳采苗器采苗时，既可垂挂，又可平挂。垂挂时贝壳串长度随棚架高度而定，以免影响采苗效果，严防触底，贝壳串间距 15～20 厘米；平挂是将贝壳串以 15～20 厘米间距平卧在棚架上。棚架式采苗方法是固定的架子，不随潮水移动。

（2）插竹采苗　采苗时将已处理好的竹子以 5～10 支为一束插成锥形，50～80 束连成一排，排间距离约 1 米。也有密插和斜插的，每排插竹 200～300 支，一般每亩可插 1 万～3 万支竹子。插入滩涂的深度为 30 厘米左右。根据蛎苗固着情况，定期转换竹子的阴面与阳面，使牡蛎苗固着均匀，同时还可使牡蛎苗免受强光直射，提高附苗量和成活率。一般每支竹子附苗密度达 70～100 粒即可。

6. 采苗效果的检查

投放采苗器 3～4 天后就可以观察采苗效果。检查时将附着基取出，洗去浮泥，利用侧射阳光肉眼就能清楚地看到牡蛎苗固着的情况（图 3-26）。

图 3-26　采苗效果检查

二、福建牡蛎养成技术

（一）桥石与立石养殖

1. 桥石养殖

将规格为 1.2 米×0.2 米×0.05 米的石板或水泥制件紧密相叠成"人"字形，石板或水泥制件与滩面成 60°，由十几块至几十块组成一排，排间用一块长约 70 厘米的条石或水泥棒连成一长列。桥石采苗后即可养成，但养成时石板的排列不宜太密，需根据生长情况及时将石板重新整理、稀疏，并适时将阴面和阳面互换，使两面牡蛎生长均匀，养至年底或翌年春季即可收获（图 3-27）。

图 3-27　桥石采苗与养殖

2. 立石养殖

一般在中潮区附近把规格为 1.2 米×0.2 米×0.2 米的石柱或类似规格的水泥棒单支垂直竖立，立桩时应保持条与条间距 50～60 厘米，列间距 1 米，埋入滩中 30～40 厘米以防倒伏，密度为 1～1.5 条/米^2。立石采苗后，位置不再移动即可养成；如果牡蛎苗固着太少，则需清刷固着器，进行第 2 次采苗；如果牡蛎苗固着太多，则应进行人工疏苗，去掉一部分牡蛎苗。立石养殖只要苗种密度适宜，稍加管理至年底或翌年春季即可收成（图 3-28）。

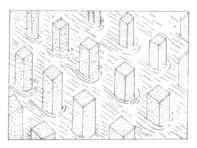

图 3-28 立石采苗与养殖
（引自王如才，2008）

（二）棚架养殖

以条石、水泥柱为脚架，长度一般为 2～3 米，桩头入土0.5～1.0 米，间隔 2～2.5 米，横竖排列成行。采用聚乙烯绳作主缆与横缆，系紧于脚架顶端。采好牡蛎苗的附着器便可垂挂或平挂在棚架上养成。潮间带主要采用棚架式平挂养殖，附苗基质为牡蛎壳，串长 2.2 米、串壳数 22 个/条；串间距为 0.2～0.45 米，行间距为 1.8～2.5 米。一般立夏时开始挂苗，7—8 月收成（图 3-29、彩图 16）。

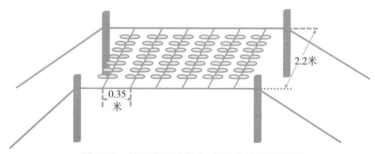

2.2米

0.35米

图 3-29 牡蛎潮间带棚架式平挂养殖示意图

（三）延绳式养殖

延绳式养殖有较强的抗风能力，适宜在风浪较大的海区选用。养殖设施以 1 根聚乙烯绳（浮缏绳）为单元，两端用同规格的锚绳与海底桩脚连接固定；浮缏绳直径为 14～16 毫米，每条绳长 100～120 米，每隔 3 米缚上 1 个浮球（直径为 40～60 厘米）。相邻浮缏绳间距 2.2 米，每 40 行为一个养殖小区，每小区相隔 10 米（图 3-30）。

将固着蛎苗的贝壳用绳索打结串联成串，两端平挂于浮筏上。根据生长情况适时增加浮球，养成即可收获（图 3-31）。

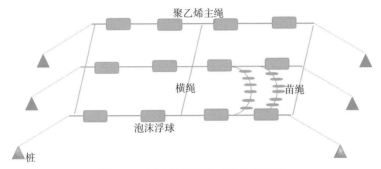

图 3-30 福建牡蛎延绳式养殖示意图

图 3-31 福建牡蛎延绳式养殖区

（四）单体养殖

一般采用筏式笼养法养殖，网笼为利用聚乙烯网衣及塑料盘制成的数层圆柱形笼，网衣网目依牡蛎个体大小而异，以不漏为原则，网盘为孔径约 1 厘米的塑料盘做成的隔片，层与层之间的间距为 20～25 厘米。不同养殖阶段，依个体大小决定放养数量，一般每层 15～30 粒，将网笼吊挂在海区的延绳或浮台上。这种方式具有苗种成活率高、壳形好、减少风浪和敌害的侵袭、便于收获等特点。但笼上常会附着许多杂藻和其他污损生物，需要经常洗刷，人工成本比较高（图 3-32）。

图 3-32 单体牡蛎养殖

（本节作者：宁岳、曾志南）

第三节 香港牡蛎生产技术

一、香港牡蛎苗种生产技术

（一）人工育苗

1. 亲本培育

选择风浪较小，盐度在 20 以上的海区作为培育区。以单体或粘绳形式用浮排或沉排方式（桩式）进行亲本养殖。当亲本性成熟后移至室内，光照以侧光为宜，避免强光直射，白天光照度控制在 1 000 勒克斯以下。室内催肥阶段，以新月菱形藻、角毛藻为饵料。

2. 亲本选择

主要繁殖期在春季，次要繁殖期在秋季。选择壳高 10 厘米以上，个体重 120 克以上，性腺发育成熟度高，体质健壮的个体作为亲贝。亲本应为充分成熟的个体。标准为：生殖腺饱满，充满整个

体腔，覆盖肝胰腺，性腺指数在 15% 以上，外观上为裂纹状。

3. 催产和授精

亲本雌雄比例为（8~10）：1。采用阴干流水刺激法进行自然产卵排精，获得受精、卵；也可采用解剖法获得精、卵。卵子需海水浸泡 30~60 分钟进行熟化，利用 500 目筛绢网反复洗卵 2~3 次，之后加入活力充足的精子，轻柔搅拌授精；以每个卵子周围有 10~15 个精子为宜；洗卵 3~5 次，去除多余精子，随后可将受精卵均匀撒入育苗池中，密度为 30~50 个/毫升，采用室内微充气培育方式进行孵化。盐度为 15~20，水温为 27~29℃，pH 为 7.8~8.1。

4. 幼虫培养

经过 24 小时孵化，利用 300 目筛绢网选择幼虫，D 形幼虫培育密度为 5~10 个/毫升；壳顶前期、中期、后期幼虫密度分别为 4~6 个/毫升、3~5 个/毫升和 2~3 个/毫升（彩图 17）；培育期间，每 7 天换 1 次水，换水量为 20%~30%；饵料以湛江等鞭金藻、云微藻、角毛藻和小球藻为主。若鲜活单胞藻供应不足，可采用藻膏或者藻粉部分替代使用。采用微充气模式进行幼体培育，盐度为 15~20，水温为 27~29℃，pH 为 7.7~8.3。

5. 采苗、附苗

当眼点幼虫达到 30% 以上时，利用 250 微米网孔的筛绢网（80 目）筛选出大个体幼虫，投放至事先布好附着基的空池中，采苗眼点幼虫密度控制在 0.8~1.2 个/毫升。利用黑色遮阳网覆盖池面，保证均匀附着，直至幼虫绝大部分附着为止。

附着基可以用牡蛎壳、水泥饼、水泥板、水泥尼龙绳结串等（彩图 18、彩图 19）。当投放好幼虫以后，利用黑色遮阳网盖在池面上，保证均匀附着，直至幼虫绝大部分附着为止。其间，应注意附着基必须清洗干净，尤其是水泥制品附着基必须彻底除碱，以免影响幼虫附着，造成采苗失败。

6. 稚贝培育

室内微充气，每 5~7 天换水 1 次，换水量在 20%~30%。饵料以云微藻、角毛藻等为主（图 3-33），维持低光照条件。在单胞藻不足的情况下，可使用虾塘水作为复合饵料供应营养，投喂量根据苗种摄食情况而定。稚贝培育期间，水温 27～29℃，盐度 12～18，pH 7.6～8.3。当壳高 3～5 毫米时，选择夜间或者阴天出池，转移至海上保苗区或者半咸水型虾塘中进行中间育成。

图 3-33　香港牡蛎饵料培养

（二）半人工采苗

1. 采苗场条件

采苗场应选择在风浪较小、潮流畅通、无污染源的河口两侧滩涂或内湾，及干潮水深 10 米处至每月干露时间不超过 15 天、每天干露时间不超过 4 小时的潮间带区域，周围需有足够的野生或人工养殖香港牡蛎。采苗场周围海区水质符合 GB 11607 的规定，底质以沙泥或岩石为宜。水温 24～31℃，盐度 3～20。滩涂场地，分幅插标，每幅 1 公顷，挖滩筑畦，人工清除有害生物和杂物；深水场地，划定范围，插竹标识。

2. 采苗时机

当香港牡蛎进入繁殖季节时（4—7 月和 9—11 月），定期采集样品，观测其是否产卵排精。若台风、暴雨等极端天气过后，亲本变得消瘦，则预示着已产卵排精，海区会出现牡蛎幼虫。经过 10～15 天，利用 300 目筛绢网捞取水样，观察幼虫发育情况，当其处于壳顶后期（壳高≥270 微米），且密度≥25 个/米³ 时，选择盐度≤15 的半咸水区域投放附着基，开始采苗。

3. 采苗器

采苗器有水泥柱、水泥板、水泥饼、胶丝水泥绳等，也可采用

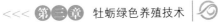

来源丰富、经济耐用的安全无毒器材。投放密度为水泥柱（4.5厘米×5厘米×50厘米）12～18条/米^2，水泥板（12厘米×12厘米×1.0厘米，30片/串）1串/米^2，水泥饼（直径6.0厘米，7饼/条）20～30条/米^2，胶丝水泥绳（直径0.8～1厘米，长80厘米/条）30～50条/米^2（图3-34）。

图3-34　香港牡蛎的半人工采苗附着基
A. 水泥板　B. 水泥绳　C. 水泥柱　D. 水泥饼　E. 打包带　F. 牡蛎壳

4. 采苗方法

（1）伞形采苗法　适用于潮间带滩涂采苗场。中间一条水泥柱，插植深度为 15～20 厘米，其余围绕中间一条搭成伞形（称一"丛"），插植深度 5～10 厘米，约成 60°。"丛"成行排列，走向与潮流的流向一致。

（2）"井"字形采苗法　适用于岩石等硬底质采苗场。水泥柱"井"字形堆放，每堆放柱 4～10 层，每层 2 条。

（3）垂下式采苗法　适用于潮间带下区至干潮水深 10 米处的采苗场。首先用栅架、浮筏等搭建台架，然后将采苗器吊挂在台架上（彩图 20）。

5. 效果检查

每隔 3～5 天定期检查采苗器，清洗淤泥，观察计数牡蛎苗附着量。苗种达标标准为水泥柱≥100 个、水泥板≥30 个、水泥饼≥20 个、水泥结≥10 个，成功率在 80% 以上即说明采苗效果较好。如果牡蛎苗附着数量不足，应及时清理附苗器，准备二次采苗，直至采苗成功；若当年采苗失败，可利用采苗器进行翌年的采苗。当苗种壳高达到 10 毫米以上，转入中间育成场地进行幼贝育成。

（三）中间育成

获得人工苗种（壳高 3～5 毫米）或者天然苗种（壳高 10 毫米）后，将其放置于饵料丰富、无大风浪、盐度较低的海区或者虾池中，进行中间育成（图 3-35）。中间育成时间一般在 3～12 个月，此期间需注意：盐度剧烈变动可能会造成幼贝大量死亡；天然苗种的纯度若≤50%，应丢弃；去除敌害，如螃蟹、部分肉食性鱼类

图 3-35 香港牡蛎的中间育成

等，避免对牡蛎中间育成产生影响。水质条件为水温 20～30℃，盐度 3～20，pH 7.3～8.5。

二、香港牡蛎养成技术

（一）漂浮式养殖

1. 养殖条件

选择水深 5～20 米、水流通畅、水质清新、水温相对稳定、附近有充足的淡水河流注入的半咸水区域，环境要求符合 GB/T 18407.4 的要求。养殖用水水源水质应符合 GB 11607 的规定，盐度不低于 9，水温 6～32℃，pH 7.6～8.4，溶解氧>5 毫克/升。

2. 养殖设施

（1）蚝排 一种是用长度为 9 米的毛竹编制而成，每个竹排为正方形，面积为 81 米^2，每个竹排采用 15 个泡沫浮子作为浮力来源；之后，将 7～13 个小竹排联合起来，形成一个大的竹排；最后，每个大竹排利用 6～18 个沉箱进行固定。另一种是采用长度为 8 米的木杆编制而成，每个木排为正方形，面积为 64 米^2，每个木排采用 15 个泡沫浮子作为浮力来源；之后，将 7～13 个小木排联合起来；形成一个大的木排；最后，每个大木排利用 6～18 个沉箱进行固定，使其漂浮于固定的海面上（图 3-36）。

（2）浮球 浮球间距为 3 米，根据海区条件不同，每条浮绳长 100～500 米，两条浮缰绳之间留 5～10 米宽的航道，用于走船作业。其中，浮球直径为 30 厘米，浮缰绳规格根据海区情况确定，浮球绳子两端固定于海底（图 3-37）。

图 3-36 香港牡蛎的浮筏式养殖设施 　　图 3-37 香港牡蛎的浮球养殖设施

（3）浮筒　浮筒大多是用废旧油桶或环保材料制作而成，可用于延绳式或浮筏式养殖模式。浮筒高、直径分别为 93 厘米和 58 厘米，体积为 200 升，承重 300 千克。其投放密度参考值为：延绳式 0.2 个/米，浮筏式 0.2 个/米^2（图 3-38）。

图 3-38 香港牡蛎的浮筒养殖设施

3. 放养规格与密度

壳高为 5～8 厘米，密度为水泥柱≥60 个、水泥板≥15 个、水泥饼≥10 个、水泥结≥5 个。

4. 日常管理

（1）养殖密度调整 起始密度为水泥柱 10～12 条/米²、水泥片 80～100 片/米²、水泥饼 60～80 饼/米²、水泥结 20～30 条/米²。随个体生长，密度逐渐降为起始的 50%。

（2）中盐养成 平均壳高达到 50～80 毫米后，将其放置于水交换量较大、饵料丰富、盐度为 15～20 的半咸水环境中养成。

（3）中高盐育肥 平均壳高超过 100 毫米后，将其转移至具有一定水流、饵料丰富、盐度为 20～25 的高盐环境中育肥 30～90 天，平均出肉率 12% 以上时完成育肥。

5. 收获

当平均壳高 100 毫米以上，个体重在 150 克以上时，可以收获（彩图 21）。

（二）插桩式养殖

插桩式养殖与漂浮式养殖的日常管理和收获技术一致。主要区别如下。

1. 环境条件

水深 1～5 米，其他条件与漂浮式养殖环境要求一致。

2. 养殖设施

（1）插桩式 以 3～4 米长木杆作为木桩（削尖），用黑色塑料包起来，之后缠绕上 1.5～3.0 米苗串，最后将其固定成网格状插在养殖区域内。木桩间距为 90 厘米，退大潮时可以露出来，涨潮时被淹没（彩图 22）。

（2）木架式 上述木桩以一定间距插在滩地成排式，插桩之间以绳索相连成网格状，绳索上吊养附苗的牡蛎串或粘绳牡蛎串；通常情况下，每个木架面积为 600～800 米²，可挂苗种 1 万条左右（图 3-39）。

图 3-39 香港牡蛎木架式养殖

(三)单体养殖技术

单体养殖的环境条件、中间培育、养成和育肥的日常管理与以上两种方式相同,主要区别如下。

1. 养殖设备

(1)苗种生产阶段 采用塑料片作为附着基,当稚贝壳高10~20毫米时,将其剥离(彩图23A),之后利用网孔为5毫米网袋吊养在海区或者生态虾池中(彩图23B)。壳高30~50毫米时,即获得单体蛎苗。苗种也可来源于去甲肾上腺素处理过的单体苗种,将其在室内养殖到3~5毫米,利用网孔为1.5毫米的网袋继续养殖到壳高10~15毫米。之后,换网孔为5毫米的网袋,养殖到壳高30~50毫米,即获得小规格单体苗。

(2)养成阶段 壳高30~50毫米时,用直径10毫米网孔的扇贝笼养成(彩图23C、彩图23D);也可将其用水泥粘起来之后吊养养成(彩图23E、彩图23F);还可利用电钻将其壳顶钻孔,利用胶丝线串起来,进行单体串养,直至收获。

2. 放养规格与密度 壳高10~20毫米时,每个网袋300个;壳高30~50毫米时,每层扇贝笼40~50个;养成阶段时,每层12~15个。利用水泥粘起来的养殖模式中,每个水泥结粘2~6个,每条绳粘8~15个点,之后吊养直至养成。利用串养方式,每条绳30~120个个体,每5~10个个体打一个结,防止相互间挤压。

(本节作者:张跃环、喻子牛)

第四节　饵料培养技术

一、单胞藻通用培养技术

目前，牡蛎苗种大部分来源于人工育苗，而饵料微藻培养是影响牡蛎育苗成活率的关键因素。饵料微藻的持续稳定培养，也是牡蛎育苗需求日益增长的重要保障。牡蛎人工育苗培养中，饵料微藻一般采用三级培养。一级培养的目的是供应藻种。培养时，以 3～5 升广口瓶或三角烧瓶作培养容器，用消毒纱布或消毒后的纸张封口，每天摇晃震荡 2～4 次；二级培养时，采用容积为 50～100 升白塑料桶或尼龙袋封闭式充气培养，当育苗规模较大时，也可采用 1 米³ 左右的开口白塑料桶；三级培养采用面积为 20～40 米² 的水泥培养池充气培养。

（一）消毒

整个培养过程中，要注意容器、工具、培养液、培养用水的消毒。耐高温的玻璃器皿和金属工具采用高温消毒法，主要是煮沸消毒、烘箱干燥消毒、高压蒸汽灭菌等。煮沸消毒是将玻璃容器、金属工具、充气管、散气石清洗干净后加水煮沸 5～10 分钟；烘箱干燥消毒是将玻璃容器、金属工具清洗干净后放入烘箱（120℃，2 小时）进行干燥消毒；高压蒸汽灭菌是将高压蒸汽灭菌锅调温 121℃，维持 20 分钟消毒。

规模化生产过程中常用化学药品进行消毒，一般采用乙醇、高锰酸钾、盐酸、漂白精、漂白粉、生石灰等。消毒用乙醇浓度为 70%，用于手、镊子、瓶口消毒；用高锰酸钾消毒时，将容器、工具等浸泡在新配的 30 克/米³ 左右的高锰酸钾溶液中 5 分钟，再用消毒水冲洗；如果是对玻璃钢水槽、水泥池等消毒，可以将 0.05% 的高锰酸钾溶液泼在池壁上，泼洒几遍后用净水冲刷干净；如果使用盐酸，一般将盐酸与水配成 1:（1～5）的溶液清洗烧瓶等玻璃器皿。此外，培养用的容器、工具、加水管道、池等可用有效氯含量达 10～20 克/米³的漂白水，浸泡 12 小时以上，再用硫代硫酸钠中和冲洗。

一级培养用水采用加热消毒法，经砂滤、脱脂棉过滤，煮沸后维持 5～10 分钟。二级培养用水经砂滤、200 目筛绢袋过滤煮沸维持 5～10 分钟，如果水质较好，二级培养用水也可采用有效氯 30 克/米³的漂白粉或漂白片消毒。三级培养用水均采用含有效氯 30 克/米³的漂白粉或漂白片消毒法。

（二）接种

选用无污染、指数生长期的藻种。接种时间选在 8：00—10：00。一级、二级、三级培养接种时，藻种液与培养液体积比一般控制在 1：（5～10）、1：（10～50）、1：（15～30）。培养液为藻细胞生长、代谢、繁殖提供营养成分。表 3-1 为常用海洋微藻饵料生长性培养液配方。

表 3-1　常用海洋微藻饵料生产性培养液配方

培养液名称	成　　分	培养液配方		
		一级培养用量	二级培养用量	三级培养用量
金藻培养液	硝酸钠（NaNO₃）	60.00 克	50.00 克	20.00 克
	磷酸二氢钾（KH₂PO₄）	5.00 克	5.00 克	3.00 克
	柠檬酸铁（FeC₆H₅O₇）	0.5 克	0.5 克	0.30 克
	尿素（NH₂CONH₂）	—	10.00 克	10.00 克
	维生素 B₁	0.10 毫克	0.05 毫克	—
	维生素 B₁₂	0.01 毫克	0.005 毫克	—
	消毒海水	1 米³	1 米³	1 米³
硅藻培养液	硝酸钠（NaNO₃）	60.00 克	50.00 克	20.00 克
	磷酸二氢钾（KH₂PO₄）	4.00 克	4.00 克	3.00 克
	硅酸钠（Na₂SiO₃）	5.00 克	5.00 克	5.00 克
	尿素（NH₂CONH₂）	—	10.00	10.00 克
	柠檬酸铁（FeC₆H₅O₇）	0.50 克	0.5 克	0.50 克
	维生素 B₁	0.10 毫克	—	—
	维生素 B₁₂	0.001 毫克	—	—
	消毒海水	1 米³	1 米³	1 米³

（续）

培养液名称	培养液配方			
	成　　分	一级培养用量	二级培养用量	三级培养用量
绿藻培养液	硝酸钠（NaNO₃）	60 克	20.00 克	—
	磷酸二氢钾（KH₂PO₄）	4.00 克	4.00 克	2.00 克
	尿素（NH₂CONH₂）	—	30.00 克	20.00 克
	柠檬酸铁（FeC₆H₅O₇）	0.5 克	0.5 克	0.2 克
	维生素 B₁	0.10 毫克	—	—
	维生素 B₁₂	0.001 毫克	—	—
	消毒海水	1 米³	1 米³	1 米³

（三）日常管理

定期进行显微镜检查，从藻细胞的形态、悬浮及污染情况等了解细胞生长是否正常。注意观察藻液颜色，有无附壁、沉淀及菌膜和敌害生物，如发现异常，立即去除，及时接种培养。

1. 一级培养

在保种室进行，室内温度保持在 18～20℃。光照采用自然光并用日光灯进行调节，每天摇晃 4～6 次，封闭培养（图 3-40）。

图 3-40　一级培养现场

2. 二级培养

二级培养室保持采光和通风良好，光照采用自然光照结合人工光源，加盖遮光帘或遮阳布等设施以调节光照（图 3-41）。每天检查充气量、藻液培养状况，定期对培养场所进行消毒。

图 3-41　二级培养现场

3. 三级培养

加强对培养池、过道的消毒，尤其在夏季要注意通风和光照，及时开窗、用遮光帘或遮阳布等设施，调节温度和光照（图 3-42）。检查充气量、藻种培养状况，发现污染及时处理。

图 3-42　三级培养现场

4. 投喂或收获

实际生产过程中，要根据单胞藻生长情况，及时补充培养液。根据气温和不同天气状况，接种 3～5 天后，一般可达到投喂所需的藻液浓度，从而根据牡蛎发育不同阶段需要，投喂适合的藻类。若单胞藻暂时不能投喂，可利用离心、浓缩设备收集藻类，冷冻保存（不低于 -18℃），以备随时投喂使用。

二、高密度培养与浓缩技术

目前，虽然绝大部分牡蛎育苗场均使用以上三级培养方式，但这种微藻扩繁方式存在以下几个问题：一是细胞密度低，养殖场需要使用 1/3～1/2 的场区进行饵料微藻的培养，才能勉强满足育苗过程对饵料微藻的需求；二是这种培养方式对环境依赖性强，微藻培养状态随环境条件波动而变化，尤其是在东南沿海的雨季，光照极弱，微藻繁殖速度慢，经常出现微藻量供应不足的现象；三是污染问题，由于养殖场微藻培养技术员的技术水平参差不齐，培养设备较为粗放，在培养过程中污染现象时有发生，甚至导致倒藻的发生。总之，现有的饵料培养模式无法实现饵料供应的安全性、稳定性和可持续性。

微藻高密度培养技术，能很好地解决以上常规饵料微藻培养中存在的问题，为牡蛎育苗提供高品质的微藻饵料。微藻高密度自养培养产业化应用最广的光生物反应器为管道式光生物反应器、平板式光生物反应器和开放式跑道池，其他处于推广应用期的新型光生物反应器形式较多，如薄层自流式光生物反应器、立式管排式光生物反应器、卧式管排式光生物反应器等（彩图 24），可根据不同的微藻种类和特性，选择不同的培养方式。

开放式跑道池固定投资稍低，培养工艺粗放。管道式光生物反应器固定投资稍高，培养工艺要求更高，而且是封闭系统，污染发生率更低，光的利用率高，微藻培养密度高，像常用饵料微藻金藻、扁藻、三角褐指藻等在管道式光生物反应器中培养 7 天左右，细胞密度可达到（2～6）× 10^7 个/毫升，在开放式跑道池中培养 10 天左右，细胞密度可达到（1～3）× 10^7 个/毫升，是相同培养周期下育苗行业常用水泥池中培养密度的 30～100 倍。

另外，虽然微藻是一种进行光合作用的单细胞生物，但是部分微藻不仅可以进行光合作用，而且还可以通过利用有机碳源进行异养培养。像常用饵料微藻小球藻异养发酵培养 10～12 天，细胞密度可达到 250～280 克/升，藻细胞密度是自养培养条件下的 100～150 倍。

高密度培养后的微藻藻液如果不能及时投喂，可以进一步浓缩和干燥储存以便销售。浓缩的常用方法有离心、膜过滤、絮凝沉降、絮凝气浮等，其中以离心浓缩的效果最好，浓缩后藻泥含水率为 70%～75%，膜过滤、絮凝沉降、絮凝气浮等方法浓缩后藻泥含水率高达 90%以上。干燥的常用方法有喷雾干燥和冷冻干燥等。喷雾干燥效率较高，但微藻中的色素、不饱和脂肪酸等对温度敏感的成分，容易在干燥过程中降解，随喷雾干燥条件的不同，造成 20%～40%此类成分的损失。冷冻干燥法能完好地保留微藻的所有活性成分，但与喷雾干燥相比，能耗和成本更高。

目前，市场销售的饵料剂型可分为浓缩藻液、藻泥、藻粉和复合配方饵料产品。其中，浓缩藻液分为鲜活藻液和冷冻藻液，常见的有微拟球藻、硅藻、小球藻等。鲜活藻液保质期为 7～30 天，冷冻藻液在冷冻条件下保质期可达 6 个月以上，两者均需冷链运输。藻泥多数产品为冷冻藻泥，常见的有微拟球藻藻泥，保质期可达 6 个月以上，需冷链运输。藻粉产品多数为小球藻和螺旋藻，育苗场在饵料不足时会使用，保质期可达 12 个月以上，常温运输即可。复合配方饵料产品属于新型育苗饵料产品，为多种微藻配方而成，满足牡蛎苗不同发育时期的饵料需求，保质期可达 12 个月以上，常温运输即可。

三、池塘定向培育和利用技术

当前牡蛎中苗标粗方式大多采用浮筏吊养在露天开放式池塘中，池塘中微藻群落的变化对牡蛎苗种的正常生长起着关键性作用。由于生理、生态特性有所不同，不同微藻在养殖池塘中的作用也不尽相同。如蓝藻是养殖水体中常见的有害藻类，主要包括微囊藻、鱼腥藻、颤藻等，这些有害蓝藻一旦成为养殖水体中的优势藻，就会危害水体微生态环境，最终不可避免地引起牡蛎幼苗病害等问题；而有些微藻对弧菌等病原菌具有较强的拮抗作用，自身代谢产物对贝类无毒且可作为直接饵料给贝类提供营养，如角毛藻、假微型海链藻、扁藻等硅藻门和绿藻门的微藻，这些藻通常被认为是贝类养殖池塘中的有益饵料微藻；值得注意的是，不同种类的有益饵料微藻有着不同的营养组成，因此养殖池塘微藻的种群组成、数量分布会直接影响池塘生态环境质量及牡蛎的生长状况。由此实际生产中可对养殖池塘进行优质饵料微藻定向培养，针对牡蛎育苗的营养需求，选择性培养对其有益的饵料微藻。

海水池塘藻类定向培养技术可分为异位定向培养和原位调控定向培养两大类。海水池塘微藻异位定向培养就是选择牡蛎中苗的优质饵料微藻，如金藻、角毛藻、海链藻、小球藻等，通过微藻培养技术扩繁后直接引入海水池塘内。该技术的优点是藻类营养价值高，池塘水质安全有保障；缺点是微藻的三级培养技术要求高，成本相对较高。海水池塘微藻原位调控定向培养技术，最直接的手段是在池塘天然微藻种群的基础上，通过调控氮磷硅等水体营养盐比例，选择性培养水体中利于牡蛎生长的天然优质饵料微藻。而考虑到藻菌共同存在于水生生态系统中，存在着共生、竞争、抑制等作用关系，故可利用藻菌间的相互关系，制作藻相调节剂。如武汉绿富农业生物工程技术股份有限公司将蜡样芽孢杆菌发酵液、枯草芽孢杆菌发酵液、巨大芽孢杆菌发酵液、植物乳杆菌发酵液和热带假丝酵母发酵液按一定体积比混合均匀，然后向混合菌液中加入硅藻土作为吸附剂，搅拌吸附，然后板框过滤，烘干得藻相调节剂。该藻相调节剂可以有效去除养殖池塘中的有害蓝藻，改善水体环境，促进有益藻相的形成。

值得注意的是，目前市场上池塘微藻调控制剂类型非常多，不同厂家产品质量良莠不齐，针对某一个产品需先小规模试用，确认效果后再应用到规模化生产中。另外，海水池塘微藻群落的演变与天气、水温、盐度、水体营养盐和溶解性有机物组成有着密切的关系，不同类型、不同地区的池塘，不能照搬一种技术、一种调控制剂，需要根据实际情况灵活选择。

四、代用饵料发展方向

贝类主要以微藻为饵料，在当前生态条件和养殖模式下，饵料不足、营养不均衡等问题尚不突出，牡蛎代用饵料研发尚未引起足够重视。但长远来看，集约化、工厂化养殖必然取代目前的滩涂粗放型养殖模式。天然饵料微藻供应的不稳定性以及人工微藻培养的高成本必将成为制约牡蛎集约化养殖的一个重要因素，用人工饲料替代或部分替代微藻饵料势在必行。微藻无疑是目前贝类最佳的饵料，以微藻营养组成和理化性质为模型，在深入研究贝类摄食生理、消化吸收和营养需求等的情况下，综合使用多种营养物质和添加剂，结合现代化的加工技术，可能会配制出饵料效果等同甚至超过微藻的贝类饲料。

微藻干粉可作为牡蛎的代用饵料，其营养成分与微藻接近，能部分替代活体微藻。但微藻干粉的营养效果不及活体微藻，在干燥过程中某些水溶性营养成分流失可能是其营养效果欠佳的主要原因。微藻干粉在水体中的可分散性和可消化性也可导致其利用率降低。向干粉中补充流失营养物质、提高其在水中分散性和稳定性，通过酶学或发酵技术降解微藻干粉细胞壁，提高其可消化性可能有助于微藻干粉作为替代饵料得到进一步利用。

酵母普遍存在于海水中，本身很可能是贝类的饵料。酵母培养周期短于微藻，培养成本低于微藻，其收集干燥技术成熟。大量研究证实，以酵母替代部分单胞藻是可行的，替代比例30％～60％。但不同养殖种类对酵母利用有差异，完全以酵母作为饵料似乎并不可行。如何提高酵母在牡蛎饵料中的替代比例是今后的发展方向。除此之外，也可采用海带粉、马尾藻粉、地瓜粉、玉米粉、鱼粉等一种或几种原料经超微粉碎后混合投喂牡蛎，但由于营养单一，饵料效果均有限，且由此带来的营养溶失和水质恶化将得不偿失，因此开发应用前景有限。

微颗粒饲料采用不同原料配合，经超微粉碎，然后用不同工艺聚合以减少在水中的溶失，根据聚合工艺可分为微胶囊、微包膜和微黏饲料 3 种。其中，微胶囊和微包膜饲料可以是固态和液态两种形式。微颗粒饲料是最具潜力的成为牡蛎代用饵料的人工配合饲料，目前已有少量研究开展微颗粒饲料在贝类上的应用可行性。集中开发微颗粒饲料加工工艺、进行原料评价和饲料效果研究，借鉴饵料动物培养微颗粒饲料和仔稚鱼微颗粒饲料研发思路，将有力地促进微颗粒饲料在牡蛎饵料中的应用。

（本节作者：徐继林、冉照收、廖凯）

第五节　容量评估技术

养殖容量是科学规划海水养殖规模、合理调整养殖结构、推进海水养殖现代化发展的重要依据。2017 年 4 月，唐启升院士联合 25 位水产界知名专家形成了一份题为"关于促进水产养殖业绿色发展的建议"的中国工程院院士建议，建议的核心是呼吁建立"水产养殖容量管理制度"，强调了养殖容量的重要性。2019 年 2 月，农业农村部、生态环境部等 10 部门联合印发《关于加快推进水产养殖业绿色发展的若干意见》，标志着水产养殖业的绿色发展进入了快车道，养殖容量是有效保障水产养殖业绿色可持续发展的重要理论基础。

一、养殖容量的定义及分类

容量（carrying capacity，CC），也称容纳量、承载力等，指在一个时期内，在特定的环境条件下，生态系统所能支持的一个特定生物种群的有限大小。它也是表达种群生产力大小的一个重要指标，其概念来源于种群逻辑斯蒂方程，即：

$$\frac{\mathrm{d}N}{\mathrm{d}t} = r \cdot N \cdot \frac{(K - N)}{K}$$

该方程是一种具有密度效应的种群连续增长模型，r、K 两个参数有着重要的生物学意义。式中，N 为种群个体数量；r 为种群的瞬时增长率；K 为环境允许的最大种群值。种群逻辑斯蒂方程产生于 1838 年，完善于 20 世纪 20 年代，但是直到 1934 年 Errington 才首次使用容量这一术语。

最早将容量概念应用到水产养殖的研究可追溯到 20 世纪 60 年代，Yashouv 等（1963）开展了添加肥料增加鱼塘养殖容量的研究。多年来，随着认识的不断深入和技术的不断进步，水产养殖容量的科学内涵得到了不断的丰富和拓展，并从 20 世纪 90 年代开始成为水产养殖研究的重要方向。Inglis 等（2000）将水产养殖容量归纳为具有层级结构的 4 种类型，分别为物理容量（physical CC）、产量容量（production CC）、生态容量（ecological CC）和社会容量（social CC），并对不同类型养殖容量进行了定义：①物理容量是指基于物理因素考虑的适宜养殖场数量或适宜养殖的区域所占地理区域的百分比；②产量容量是指对养殖生物的生长率不产生负面影响，并获得最大产量的养殖密度；③生态容量是指不引起负面生态效应的最大养殖密度，考虑产量容量的同时，兼顾养殖活动对生态系统的反馈；④社会容量是指不引起负面社会效应的临界养殖密度，兼顾对从业人员收入等社会经济因子的影响。

二、养殖容量评估方法

目前，关于养殖容量的评估方法主要包括定性评估方法和定量评估方法。定性评估方法有 Dame 限制性指标法等；定量评估方法主要有经验研究法、能量收支模型法、营养动态模型法、生态系统动力学模型法等。

1. Dame 限制性指标法

Dame 限制性指标法是根据食物限制要素建立的养殖容量评估的静态方法，主要涉及初级生产时间、水团滞留时间和贝类滤水时间 3 个指标。海域中浮游植物的供给是限制贝类生长和养殖容量的主要因素，其主要的补充和消耗途径有 3 个：一是海域内浮游植物通过光合作用而生长繁殖的增加量，用初级生产时间表征；二是通过与外部海域的水交换导致养殖区域的浮游植物增加量或减少量，用水团滞留时间表征；三是养殖贝类对浮游植物的消耗量，用贝类滤水时间表征。该方法虽然对生态系统过程的刻画线条较粗放，但考虑的关键参数比较全面，适用于进行定性评估。

2. 经验研究法

根据历年的养殖面积、放养密度、产量以及环境因子的监测数据等推算出养殖容量。Verhagen 等（1986）通过对历年来 Oosterschelde 河口同年龄组贻贝（*Mytilus edulis*）的产量统计，研究了该水域的贝类养殖容量。此外，Grizzle 和 Lute（1989）根据浮游生物水平分布和海区底部沉积物的特性，估算硬壳蛤（*Mercenaria mercenaria*）养殖容量。徐汉祥等（2005）根据对舟山海区 27 处深水网箱拟养区域的环境调查，估算了深水网箱的养殖容量。这种利用历年产量间的关系或环境条件对养殖容量进行估算的方法，得出的结果往往是一个经验数值，而且由于水质、环境因子及可能的生物过程的计算欠缺，导致养殖容量的计算结果存在很大的偏差。

3. 能量收支模型法

能量收支模型法是将食物链和能量传递结合，考虑养殖海区的饵料供应、初级生产力以及贝类生理情况，估算贝类的养殖容量。Carver 等（1990）通过计算养殖海域内外颗粒有机物（POM）浓度、海水交换速率和养殖生物摄食量，根据能量收支理论，评估了养殖海域的贻贝养殖容量。方建光等（1996）根据初级生产力、贝类生物量和有机碳需求量，评估了桑沟湾栉孔扇贝的养殖总容量和

103

单位面积养殖容量。能量收支平衡法仅考虑了环境对贝类的影响，未考虑贝类养殖对环境的反馈作用，以及养殖废物在系统中的再循环，估算的结果存在一定误差。

4. 营养动态模型法

海洋生态系统的能量通过食物链由低营养级生物功能群向高营养级功能群流动，以此为基础建立的养殖容量评估方法为营养动态模型法。模型表达为：

$$P = BE^n$$

式中，P 为估算对象生物量；B 为浮游植物生产力；E 为生态效率；n 为估算对象的营养级。

Parsons 和 Takahashi（1973）运用营养动态模型估算了生态系统中不同营养层次的生物量。杜琦（2000）、卢振彬等（2012）分别利用营养动态模型法评估了厦门同安湾、福建东山湾等海湾贝类的养殖容量。

5. 生态系统动力学模型法

生态系统动力学模型法是通过模拟生态系统内重要生源要素的关键生物地球化学过程和相互反馈作用，根据不同的评价标准和要求构建生态系统动力学模型，进行养殖容量的评估。随着计算机技术的发展以及在海洋领域的应用，生态系统动力学模型成为国际上主流的养殖容量评估方法。

（1）基于个体生长模型的生态系统动力学模型法　Nunes 等（2003）建立了零维贝藻混养生态系统箱式模型，通过模拟不同播苗密度下的贝类产量，以及不同混养方式对海区生态系统的影响来确定养殖容量。Guyondet 等（2010）在加拿大圣劳伦斯湾内，通过水动力模型的嵌套以及生物模型的耦合，构建了一套在不同环境尺度下的当地贻贝养殖容量评估模型，模型直接将实际贻贝养殖海区嵌套在高分辨率的水动力模型计算网格内，根据不同的贻贝养殖密度以及贻贝养殖场规模模拟相关的环境变化情况，从而进行相应的水产养殖管理。Filgueira 等（2015）在加拿大马尔佩克湾构建了养殖贻贝生态系统模型，以高分辨率水动力

模型为基础计算养殖边界的水交换情况，从而计算不同位置的贻贝养殖设施对湾内浮游植物分布及贻贝生长的影响情况，其模拟结果为湾内颁发新增养殖场许可证提供了依据。Joao 等（2018）利用生态系统动力学模型对美国长岛海峡和欧洲贝尔法斯特洛夫（Belfast Lough）两个区域的养殖贝类生态容量进行了评估，为贝类养殖的可持续管理提供了决策支持。Pete 等（2020）将基于生态系统水平的 GAMELag 模型与贝类个体生长模型耦合，对法国 Thau 潟湖牡蛎的养殖容量及其生态功能进行了评估，以期在贝类养殖可持续发展的基础上寻求资源开发与养护间的平衡。Filgueira 等（2021）在生态系统模型中引入悬浮颗粒物模块，并与水动力模型相耦合，评估了加拿大新斯科舍省 Sober Island、Wine Harbour 和 Whitehead 3 个海湾贝类养殖的生态效应及其生态容量，为可持续性贝类养殖管理和区域选择提供了科学指导。通过耦合养殖生物个体生理生态、重要生源要素的关键生物地球化学过程以及水动力过程等，基于个体生长模型的生态系统动力学模型法能够动态模拟和预测目标海区养殖活动与生态系统的相互作用，可为贝类养殖业的可持续发展决策提供有效支撑。

（2）基于食物网的生态系统动力学模型法 该方法从生态系统食物网角度评估贝类的产量容量和生态容量。Jiang 等（2005）采用 ECOPATH 模型评估了新西兰 Tasman/Golden 湾双壳类的产量容量和生态容量，分别为每年 3.10 吨/公顷和 0.65 吨/公顷。Byron 等（2016）采用 ECOPATH 模型评估了 Narragansett 湾牡蛎的产量容量和生态容量，结果表明，得益于该湾丰富的碎屑供给量，贝类养殖产量具有持续增长的潜力。Kluger 等（2016）充分挖掘了 ECOPATH 模型中的 Ecosim 模块的功能，动态预测了 Sechura 湾扇贝底播养殖的扩大对生态系统内其他营养级的影响，认为该系统内扇贝生物量的进一步增加可能会导致扇贝捕食者生物量的增加，进而对系统中的其他群体形成下行控制，超过 4.58 吨/公顷的扇贝生物量水平可能会导致其他功能群体的生物量下降到 10% 的阈值以下，即对该功能群造成不可恢复的影响，为对该系统内贝类养殖管理提供了重要的理论依据。

综合目前已有的养殖容量评估方法，大体可以分为两种：一种是"静态"评估方法，主要考虑几个关键性的生理生态参数，数据来源多为月际尺度、季节性尺度或年际尺度等，忽略生态系统内部过程的动态变化及级联响应，如经验研究法、能量收支法、营养动力学方法等；另一种是"动态"评估方法，基于生态系统动力学模型动态研究和模拟重要生源要素的关键生物地球化学过程。根据管理人员、科研人员、养殖业主等对生态系统生物地球化学过程认识的必要性、容量评估结果的准确性等需求的不同，两种评估方法各有优缺点。"静态"评估方法具有操作简单、所需数据易获取、普适性好等优点，但忽略了养殖生态系统生源要素关键生物地球化学过程的动态变化，评估结果存在一定的误差；"动态"评估方法是目前国际上广泛采用的主流方法，不仅考虑环境对养殖生物的影响，而且关注养殖生物对生态系统的动态反馈，准确性较高，但涉及的参数较多，对使用者的数理知识、专业知识等学术理论层面的要求较高。

三、桑沟湾长牡蛎养殖容量评估案例

桑沟湾位于山东半岛东部沿海（37°01′—37°09′N，122°24′—122°35′E），为半封闭海湾，北、西、南三面为陆地环抱，湾口朝东，口门北起青鱼嘴，南至楮岛，口门宽 11.5 千米，呈"C"状。海湾面积 144 千米^2，海岸线长 90 千米，湾内平均水深 7~8 米，最大水深 15 米，是我国北方典型的规模化养殖海湾之一（图 3-43）。该湾自 20 世纪 50 年代开始就开展了海带的筏式养殖，目前养殖活动已经延伸至湾口以外。主要养殖种类包括海带、龙须菜、长牡蛎、栉孔扇贝等。其中，长牡蛎是主要的贝类养殖种类，年产量约 6 万吨（鲜重）。

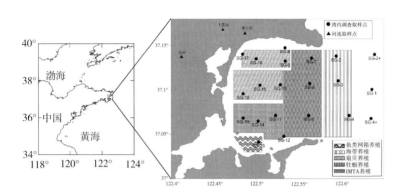

图 3-43　桑沟湾区位图及湾内养殖类型布局

为保障桑沟湾长牡蛎养殖产业可持续健康发展，中国水产科学研究院黄海水产研究所团队利用生态系统动力学模型法对长牡蛎的养殖容量进行了评估。首先，以水温、叶绿素 a 浓度作为驱动因子，基于动态能量收支（DEB）理论对摄食、生长、生殖等过程以微分方程形式进行量化，构建了长牡蛎个体生长模型，成功模拟并验证了长牡蛎软体部的动态生长变化情况，为养殖生态系统动力学模型的构建和养殖容量评估提供了基础模块。随后，建立了包含营养盐、浮游植物、浮游动物、碎屑和牡蛎个体生长模型 5 个模块的浮游生态系统模型，并与水动力模型进行了耦合，构建了养殖生态系统动力学模型（图 3-44）。利用验证后的生态系统模型动态模拟了不同养殖密度情境下长牡蛎个体生长及单位面积产量情况（图 3-45），解析了营养盐和浮游植物水平对养殖生物生理活动的响应，分析了不同养殖密度的经济效益（图 3-46）。结果表明，当养殖密度为 35 个/米^{2}时，虽然较少的播种数量会带来明显的个体生长水平提升，但是总体的生物量会有所下降。同时，在个体养殖密度达到一定程度时（100 个/米^2），不但个体生长处于较低的水平，而且总体的生物量也没有明显提升（Lin 等，2020）。经济效益分析结果表明，50 个/米^{2}是最为经济、生态的养殖密度。

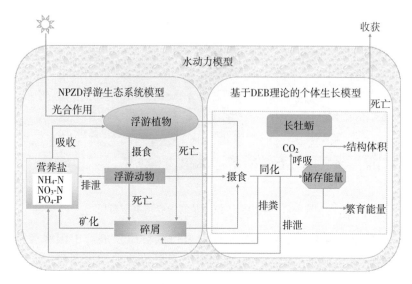

图 3-44　养殖生态系统动力学模型示意

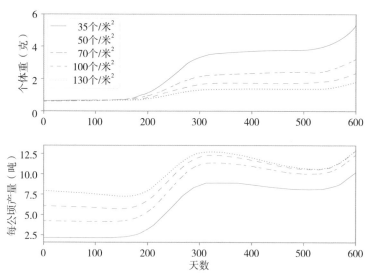

图 3-45　不同养殖密度情境下长牡蛎个体生长及单位面积产量模拟结果

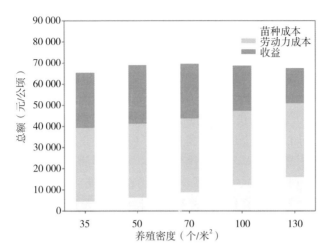

图 3-46　不同养殖密度的经济效益分析

（本节作者：蒋增杰、高亚平、蔺凡）

第六节　壳形塑造技术

牡蛎主要以鲜活方式销售。因此，其品相对产品质量的影响非常大，而壳形是牡蛎产品品相的核心参数。牡蛎的壳高、壳长和壳宽等壳形品相的相关参数受遗传、环境及养殖管理过程等因素的共同影响。尽管已有对壳高等参数进行遗传改良的案例，但目前壳形相关已有报道多来自养殖企业，基础研究较少，缺乏系统性的认知与技术标准（Mizuta 等，2018）。

一、产品的品相标准

牡蛎产品的品相指标包括壳形、外壳洁净度、硬度、壳长、壳宽和肥满度等参数。一般认为品相好的牡蛎需满足壳形规则、近水滴形，外壳干净坚硬，壳长和壳宽较大，肥满度高等条件。

由于牡蛎的壳形变异较大，壳高、壳长和壳宽等单一指标很难科学评价壳形的优劣，而壳宽与壳高的比值或壳长与壳高的比值等指标可更好地评价壳形（图 3-47），因而最理想的壳形指标应该综合以上两个指标。长牡蛎较为理想的壳形指标为壳宽：壳高＝1：3或者大于 0.25，壳长：壳高＝2：3 或者大于 0.63。澳大利亚的养殖企业追求的最优壳形是壳高：壳长：壳宽＝3：2：1。加拿大养殖的美洲牡蛎以壳高与壳长比为指标，将壳形从优到劣分为 4 个等级：极致（1～1.5）、优选（1.5～1.75）、标准（1.75～2）及商业级（＞2）。基于计算机成像系统可依据最佳壳形阈值筛查破壳或壳形不规则的牡蛎。

此外，优异壳形的牡蛎也应有相对厚实和坚硬的外壳，以便在养殖管理、分级及运输过程中保持壳体完整，从而维持其软体部的品质及运输过程的存活率，进而延长牡蛎的保质期。

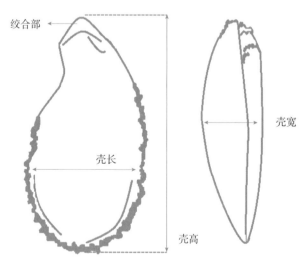

图 3-47 牡蛎壳长、壳宽及壳高的示意

(引自 Mizuta et al.，2019)

二、壳形的影响因素和改良方法

牡蛎壳形受遗传、养殖环境等因素影响。国内外学者已对外壳的生长性状进行了遗传学的基础研究及性状的改良实践，但对于养殖环境及养殖工艺措施对壳形的影响等方面的研究较少。

（一）遗传

牡蛎外壳的体尺规格、颜色及壳形（体尺性状的比值）等与外壳特征相关的指标有较高的遗传力，如壳高为 0.25～0.49，壳长为 0.23～0.36，壳宽为 0.14～0.40。国内目前已有的牡蛎新品种大都以生长和壳色为选育的目标性状，如长牡蛎"海大1号"及福建牡蛎"金蛎1号"等。壳形性状，如形状、凹度等指标也受遗传因素的影响。研究发现，长牡蛎的壳宽的遗传力较低，遗传改良难度较大，而壳长、壳高的遗传力较高，遗传改良的难度相对较低。

（二）环境条件

牡蛎的壳形受到养殖环境的影响，同一地区的牡蛎壳形可能有所不同。下面介绍其中一些影响因素。

1. 水域环境

特定水深的水文和环境能量会对牡蛎的壳形产生显著影响。水动力是塑造牡蛎壳形所必需的，潮间带养殖的牡蛎暴露在高能量的环境中，持续的波浪运动使其次生壳经常破损，导致壳宽相对壳高增加更大，从而对牡蛎的壳形改良产生积极作用。

吊养模式与底播或潮间带养殖模式相比，优点是牡蛎获取饵料的机会多，生长速度快，存活率高；缺点是污损生物和壳形不规则的比例较潮间带增加，壳的硬度较底播养殖模式差，容易在清洁和运输过程中破损，影响产品品质。野生或底播牡蛎的外形取决于底质及水动力条件。在泥质底中，牡蛎的外套膜会向上延伸，导致壳形长而窄；在泥土较少或砾石较多的海区，往往牡蛎壳形圆而深。要改善底播养殖牡蛎的壳形，可以选择底质坚硬的海区，并适当降低养殖密度。养殖区与海岸的距离也会影响牡蛎的壳形，浅海或潮间带的牡蛎壳的平滑度和厚度均有随水流增快而增加的趋势。因此，在不同波动程度的地点养殖牡蛎可以改变其壳形。深受国内百姓喜爱的"滚滩牡蛎"就是通过让牡蛎在潮间带环境下不断滚动，而使其外壳更加圆润和坚硬。

2. 生物污损

牡蛎最常见的污损生物有海鞘、藤壶、水螅、海绵、藻类和双壳贝类等。污损生物不仅会阻碍养殖设施内的水交换，而且还可能会与牡蛎竞争食物。因此，污损生物不但会影响牡蛎的发育，导致其肥满度降低，还会使牡蛎外壳出现疤痕，甚至导致壳形改变。例如，被钻孔多毛虫附着的牡蛎，其内壳的"壳疤"严重影响牡蛎的品相，不适合带壳销售（图3-48）；海绵在牡蛎壳"筑巢"使得壳表面有很多直径为1毫米的孔洞。

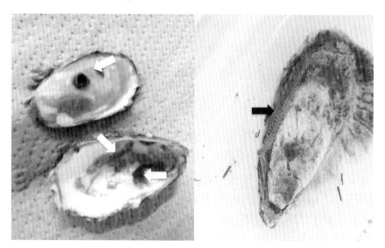

图 3-48　钻孔多毛虫附着于牡蛎产生的内壳"壳疤"（左图箭头所示）和贝壳上的孔（右图箭头所示）

（引自 Mizuta et al.，2019）

去除污损生物的方法包括手动清洁、刮擦、高压清洗、淡水浴和露空处理等。前3种方法是依靠机械和劳动密集型的方式，后2种方法主要利用牡蛎与其他生物的环境适应性差异。针对污损生物的特性通常需要组合使用不同的方法，如淡水浴可去除大部分污损生物，而去除多毛虫则需将牡蛎浸入盐水溶液中。此外，浮动养殖设备也可进行污损生物的防控。图3-49是一家美国公司设计的浮动牡蛎笼设备，该养殖浮笼可以固定在水面下方，上下翻转后可以将牡蛎暴露于空气中进而控制污损生物，同时可以对壳形进行改良。

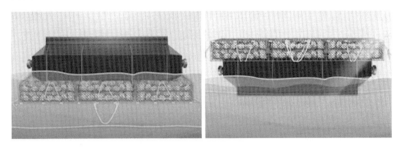

图 3-49　浮动式去污损设备
(引自 Mizuta et al.，2019)

3. 养殖工艺

（1）单体苗种　非单体养殖模式是目前我国牡蛎养殖的主要模式。牡蛎稚贝通常附着在扇贝壳、牡蛎壳或水泥上，随着个体的增大彼此挤压重叠的程度越发严重，导致壳形和体尺性状的变异度变大。

单体养殖模式在我国的占比较低，还处于起步阶段。目前的单体牡蛎大部分还是在养成后人工剥离而成，而用单体苗种生产的牡蛎成贝壳形更圆更规则。此外，人工剥离单体会造成一定的机械损伤，很可能会影响长途运输的存活率和商品价值。国际上生产单体苗种的主要方式是利用磨细为一定规格的贝壳粉作为附着基，辅以上升流等配套装置进行生产；利用柔性附着基采集牡蛎稚贝，生长到一定规格后剥离，并在网笼中养殖。此外，我国香港牡蛎产业较

113

为普遍的单体生产方式是将稚贝期剥离的牡蛎用水泥按照一定角度和密度粘连。新西兰使用特殊标签将壳高 30 毫米的单体苗种的壳顶粘在长杆上，使牡蛎自由悬挂并相互隔开。这种标签不会影响贝壳的外观，而且可用于溯源（图 3-50B）。

（2）养殖密度　养殖密度会对牡蛎壳形产生影响。养殖密度过大会导致牡蛎成簇聚集，不但壳长/壳高和壳宽/壳高明显降低，壳形变差，还会使牡蛎生长减缓，肥满度变差。合适的养殖密度有利于优异壳形的塑造。当牡蛎相互摩擦时，可以打磨贝壳边缘，促进水滴形牡蛎壳的形成。

（3）打磨　牡蛎不断滚动打磨会使其外壳变厚变强，壳宽/壳高和壳长/壳高的比值增加，逐渐形成优质壳形。壳形打磨的技术包括机器打磨和潮汐打磨。机器打磨是将不同生长阶段的牡蛎放在旋转的网状圆筒内，破坏其次生壳并增加壳的厚度，促进优质壳形的产生。该方法的效率很高，但劳动强度较大。基于潮汐作用的原位打磨系统包括锚定在养殖袋一侧的浮子，养殖袋另一端连接在潮间带悬挂的延绳上（图 3-50C）。当水位随潮汐变化时，袋子的一侧会随着浮子上下移动，牡蛎会随之晃动，进而实现牡蛎的原位打磨。澳大利亚还开发了一种可用于潮间带和潮下带的打磨技术。该技术将加长网状塑料筐悬挂在浮缆绳上，并可随海水波动而自由横向运动。该技术与传统的静态养殖系统相比，壳长/壳高和壳宽/壳高等壳形指标更为理想，且具有更重的软体部和外壳（图 3-50D）。相关的壳形塑造技术已经逐渐被我国的养殖企业采纳。

（4）转场育成　牡蛎在不同环境下会表现出不同的表型。转场育成可达到育肥、壳形塑造以及肉色提升的效果。例如，法国Marennes-Oleron 湾著名的彩色牡蛎及美国太平洋沿岸的转场养殖。打磨壳形通常是牡蛎在达到合适的规格之后到收获上市前的常规操作。在我国北方也有类似的转场养殖模式，主要为大连和荣成等地到乳山的转场养殖模式，与美国的区别是转场前后均为潮下带的养殖模式，通常目标是提高肥满度，快速达到上市标准，也有部分企业利用转场前后海区的水流差异，通过塑形笼来进行壳形

图 3-50　牡蛎养殖业常用的养殖方式
A. 日本吊绳养殖　B. 新西兰单体养殖（经 TOPS 牡蛎公司授权
使用）　C. 浮袋养殖（经美国泰勒贝类养殖公司授权使用）　D. 网状
塑料筐打磨养殖（经 Seapa 公司授权使用的照片）
（引自 Mizuta et al.，2019）

优化。

（5）定向塑形　独具匠心的个性化牡蛎总会在市场竞争中赢得
一席之地。例如，日本长崎使用金属环对稚贝的特定点施加压力将
壳体末端分开成类似心形，可在情人节等节日为消费者提供心形牡
蛎。优异壳形也是法国南部 Leucate 地区的市场发展战略。该方法
很难在产业中大规模应用，但可较好地满足个性化的高端市场
需求。

（本节作者：刘圣、丛日浩、李莉、张国范）

第七节 病害防控技术

牡蛎属变温动物，生活在开放海域，且无获得性免疫，容易受环境胁迫而死。在牡蛎的养殖史上，大规模死亡现象常有记载，尤其在近十几年，世界范围内频繁暴发大规模死亡，死亡主要发生在夏季高温期，在温度变化剧烈的月份更严重。如 2017 年北黄海局部海域暴发牡蛎规模死亡，个别地区死亡率超过 90%；2020 年，山东青岛、威海部分地区牡蛎夏季死亡率超过 70%；2021 年，河北秦皇岛部分海域牡蛎稚贝死亡超过 90%。规模死亡给牡蛎养殖业带来了重大的经济损失，成为牡蛎产业发展的重要制约因素。究其原因，牡蛎大规模死亡是一系列复杂的生物及非生物因素共同导致的结果，所以也称为牡蛎死亡综合征。

牡蛎死亡综合征是宿主、病原、环境等一系列复杂的生物及非生物因素共同作用的结果（图 3-51）。一方面，牡蛎个体自身状态具有较大的差异，不同群体的抗逆性不同，且牡蛎生理状态有一定

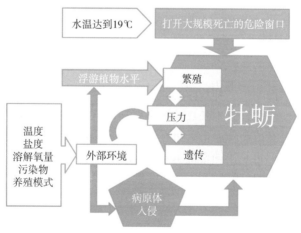

图 3-51 诱发牡蛎死亡综合征的因素

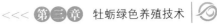

的周期性，高温季节一般能量积累少，抗性低，低温季节则相反。另一方面，牡蛎病原（细菌、病毒、寄生虫等）的致病性也受不同发育阶段、生理状态以及环境因素的影响。此外，养殖管理过程对牡蛎的存活也有重要影响。随着高强度养殖模式等的持续发展，养殖贝类暴发性大量死亡依然是影响产业提质增效的共性难题。本节对不同因素进行剖分介绍，并且对牡蛎的病害防控提出相应的建议。

一、环境胁迫性疾病及其防控技术

牡蛎的大规模死亡大多数发生在夏季，环境温度的骤变被认为是暴发大规模死亡的一个重要环境因子。例如，欧洲牡蛎大量死亡的敏感水温为 16～24℃，澳大利亚和新西兰牡蛎大量死亡的敏感水温为 23～26℃，我国的牡蛎批量死亡也多发生在温度最高点前后 1 个月之内。温度升高促进了牡蛎的繁殖活动，配子的发育需要消耗大量的能量和营养物质，牡蛎将有限的资源用于繁殖，自身体质更加脆弱，致使无法抵抗高温季节环境变化的压力，导致升温成为其死亡的因素之一。其他环境因子，如盐度、低氧、降雨、饵料丰度等也都是引起牡蛎大量死亡的重要因素，多因素耦合更易引发大规模死亡。研究发现，过高的营养供给以及营养匮乏均会提高牡蛎的死亡率。近年来，因为我国部分地区海水养殖强度偏大，超过了该地区的养殖承载力，该种情况下若同时伴随降雨减少引起的海区营养匮乏，极易造成牡蛎等贝类因饵料不足导致的消瘦、健康状况下降以及大量死亡暴发。相关调研发现，营养匮乏是导致 2017 年我国北黄海局部海域发生牡蛎等双壳贝类大量死亡的重要原因。

牡蛎的生长需要适合的环境条件。近年来，我国部分海区无序扩大养殖规模，超过海区养殖容量，海区自净能力不足，生态平衡遭到破坏。一方面，过量养殖会引起饵料供应不足，继而导致牡蛎个体消瘦、健康状况下降；另一方面，由于密度过大、养殖设施多，水体交换受阻，无法及时清理排泄物及死亡个体，造成水域污染，加剧死亡威胁。在牡蛎养殖过程中，可以通过人为改变养殖环境，适当减缩养殖密度，优化养殖水域结构，开发不同的养殖模式以降低牡蛎的死亡率。中国、日本、韩国、美国和新西兰等国家均有在潮间带对牡蛎稚贝进行"砺苗"的报道，经过"砺苗"的牡蛎在后期养成过程中死亡率显著降低。笔者团队搭建了基于潮间带露空环境的环境调控疾病防控平台，并建立胁迫环境参数量化技术，通过在不同胁迫环境下对牡蛎进行"砺苗"驯化，提升赤潮抗性和夏季的度夏存活率等牡蛎抗逆能力。采用该方法处理后牡蛎稚贝在赤潮期的存活率提高了 204.40%，壳高提高了 12.72%；在度夏存活率方面新技术应用组比对照组提高了 36.21%。养殖水域深度不同引起的环境差异也会对牡蛎存活产生重要影响，近几年对山东乳山牡蛎的养殖研究发现，近岸浅区牡蛎死亡率可达 80%。通过下沉养殖对比试验发现，将牡蛎下沉到 2～3 米水层进行定位养殖的牡蛎成活率可达 70% 以上，肥满度提高两三成。中国南方的香港牡蛎养殖将牡蛎养殖区划分为高盐区、中盐区及低盐区，并利用牡蛎对盐度的广适性在不同盐度海域进行水平转移，以实现病害的控制和产品质量的提升。美国的美洲牡蛎养殖产业也采用类似方法。

人工操作作为一种特殊的环境条件，与牡蛎等贝类的死亡情况密切相关。牡蛎等贝类在转场养殖、倒笼、清理杂质等过程中极易诱发大量死亡。例如，山东乳山作为我国长牡蛎的育肥中心，每年的 9—10 月，辽宁、河北以及山东其他地区的未达上市标准的牡蛎会陆续被送到乳山进行育肥。在此过程中，转场运输时机的把握非常重要，考虑的因素包括牡蛎的规格、生理、种质，以及环境水温和气温等，也与运输过程的时间和环境控制及来源地与目的地环境的对接性等有关。根据监测，10 月转场的牡蛎死亡率要显著低于 9月，且肥满度低的牡蛎的死亡率更低。

针对由环境胁迫性导致的牡蛎批量死亡问题，笔者团队基于牡蛎在高温、低氧等环境胁迫下生理代谢指标发生变化的规律与机制，筛查了牡蛎不同胁迫状态下的生理指示指标，初步建立了基于能量代谢相关生理指标的牡蛎度夏风险预警模型（OCLTT 模型），并在牡蛎北方核心主产区山东乳山进行了产业健康状况动态监控与大规模死亡预警预报。

二、细菌性疾病及其防控技术

1. 细菌性疾病的特点

夏季温度升高，水域里的病原体也因条件有利而大量繁殖，从而大量侵袭养殖生物。细菌是这些病原体中主要的作用因子之一。这些病原体的存在，严重影响了牡蛎的呼吸代谢等生理活动。牡蛎养殖海区经常伴有影响其生存的细菌，而这些细菌又以弧菌居多。据报道，有些牡蛎从幼虫期就受到弧菌的侵染，在整个生长过程中也难以避免弧菌的侵袭。

牡蛎幼虫的细菌性溃疡病会使幼虫下沉或活动能力降低，突然大批死亡。镜检可见染病的幼虫内有大量鳗弧菌和溶藻弧菌等，可能还有气单胞杆菌和假单胞杆菌。这些细菌分布在幼虫的全身组织中，使组织溃疡或崩解。对出现规模死亡的成体牡蛎养殖区进行取样鉴定，分离得到的病原菌主要为河口弧菌和灿烂弧菌。除此之外，研究表明，溶藻弧菌、副溶血弧菌、塔式弧菌等对牡蛎生存的影响同样很大，一般可以观察到闭壳肌和组织的损伤。值得注意的是，温度越高的地区往往疫情更为严重，这可能是由于许多病原体更喜欢生长在较为温暖的水域，在温度驱动疾病暴发的背景下，气候变化加快了病原体扩增及传播，并且严重影响了牡蛎个体的易感性，所以牡蛎更容易在这个时间段死亡。这一现象曾出现在北美太平洋海岸，原本生产正常的养殖海区，由于温度升高，细菌载量暴发式增长，进而引起牡蛎的死亡。

2. 检测技术

病原性细菌数据库为牡蛎致病菌的检测提供信息基础。大连海洋大学宋林生教授团队系统构建了主要病原性细菌的筛选和培养体系，结合生理生化和分子生物学手段，从牡蛎养殖海区、牡蛎特别是患病牡蛎不同组织样品中分离、鉴定、保藏菌株，建立了病原性细菌库，为我国牡蛎主要病原微生物数据库的构建提供了基础数据。

致病细菌的检测方法主要基于分子生物学手段。目前，大连海洋大学宋林生教授团队已建立鳗弧菌、溶藻弧菌、迟缓爱德华氏菌、灿烂弧菌、副溶血弧菌、荧光假单胞菌、恶臭假单胞菌等牡蛎常见致病菌的快速检测方法。一种可同时检测 20 种病原的高通量核酸诊断芯片已在大连、秦皇岛和荣成等养殖海区试用。针对灿烂弧菌的单克隆抗体也已制备完成，为开发基于胶体金试纸条的灿烂弧菌快速检测技术奠定了基础。

3. 防控技术

牡蛎病原菌致病机制的研究为防治技术的建立奠定理论基础。在重要水产病原菌全基因组测序计划的推动下，重要病原菌的基因组测序工作逐步完成，发掘了大量与细菌致病相关的功能基因，有力推动了病原菌致病机制的研究；利用组学、病理学等相关技术，研究了重要致病菌的致病和调控机制，明确了其高温致病机理，为深入理解牡蛎死亡综合征及研发防控技术打下基础。

对于人工苗种繁育时期细菌病的防控，可以采用机械和药物的方法对进水管道、蓄水池和养殖容器进行彻底消毒、杀菌，保证水环境的相对稳定与清洁。对染病的幼虫可用氟甲砜霉素或复合链霉素等治疗。对于成贝养成期，因为弧菌普遍存在高温致病机制，所以主要通过增加养殖笼深度、向深远海转移等手段规避高温，并定期做好常规细菌检查，及时采收达市场规格的牡蛎等方法。

三、病毒性疾病及其防控技术

1. 病毒性疾病的特点

随着对牡蛎大规模死亡研究的深入和对病原体的认识，造成牡蛎大规模死亡的病毒因素逐渐进入人们的视线。1972 年，首次在美洲牡蛎中发现类似疱疹病毒科成员的病毒颗粒，后来这种病毒被命名为牡蛎疱疹病毒或牡蛎疱疹病毒-1 型（OsHV-1），是目前报道最多的牡蛎病毒性病原体。目前，世界范围内已经报道疱疹病毒或疱疹样病毒侵染了不同国家的多种海洋双壳贝类，且在长牡蛎、福建牡蛎、近江牡蛎、欧洲牡蛎和美洲牡蛎等多种牡蛎中发现了疱疹病毒或疱疹样病毒。其后又发现了一种名为 *OsHV-1 μvar* 的变种，在牡蛎大规模死亡样品中检测到的 *OsHV-1* 基因型中，*OsHV-1 μvar* 甚至占据主要地位。

牡蛎疱疹病毒具有致死率高、传播速度快的特点，其在宿主体外能短暂存活，可随海流进行传播，在一周的时间内可致区域内养殖牡蛎全部死亡。疱疹病毒与牡蛎幼虫、稚贝和成体不同阶段的暴发性死亡密切相关。患病个体包括 4～5 天的幼虫、2～12 个月的稚贝以及 2 龄的成体牡蛎。感染病毒的幼虫一般在孵化后 3～4 天出现摄食异常、运动减弱，大部分被感染的个体在 8～10 天全部死亡。幼贝以及成体阶段牡蛎的死亡率尽管比幼虫低，但出现死亡的病程也很少超过 1 周。

笔者团队对人工繁育的牡蛎幼虫进行检测发现，96％的死亡幼虫中含有病毒，且病毒很可能具有从亲本到子代的垂直传播能力。在对山东半岛多地点养殖牡蛎的随机取样调查中发现，吊养长牡蛎病毒检出率均高于 50 ％，但病毒载量较低，经测序鉴定病毒基因型为 *OsHV-1 μvar* 型，死亡样品的病毒载量明显高于活体样品，但显著低于死亡幼虫（图 3-52）。

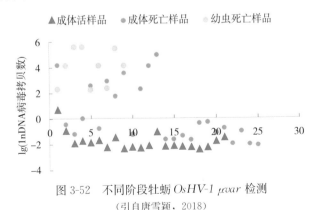

图 3-52 不同阶段牡蛎 *OsHV-1 μvar* 检测

(引自唐雪颖，2018)

关于疱疹病毒的相关研究一直是国际贝类疾病防控研究的热点，但该病毒最小致病剂量、各种致病因子在疾病暴发中的作用，各种致病因子的相互作用以及致病的动态过程等尚未明确。我国关于疱疹病毒导致养殖牡蛎等贝类大量死亡的报道相对较少。这可能与不同环境下生存的牡蛎种质基础不同有关，也可能与牡蛎大量死亡往往集中在短时间内暴发，当人们发现后现场采集样品相对滞后有关。

2. 疱疹病毒的检测

疱疹病毒及其变种可通过多种分子手段进行检测，针对不同样品检测分析的要求，已建立了 4 种 OsHV-1 分子诊断技术体系，包括常规 PCR 检测技术、巢式 PCR 检测技术、环介导等温扩增（LAMP）检测技术和荧光实时定量 PCR 检测技术等。

中国水产科学研究院黄海水产研究所王崇明研究员团队成功实现牡蛎疱疹病毒变异株 AVNV 的标准化、配套化检测，研制成功 AVNV 现场快速检测试剂盒（图 3-53）。该试剂盒具有操作简便、灵敏度高、特异性好和可用于现场检测等特点，在养殖生产实践中具有重要的实际应用价值。

图 3-53　AVNV 现场快速检测试剂盒

3. 疱疹病毒的防控

目前，王崇明研究员团队已完成疱疹病毒的全基因组测序工作，对这种致病病毒的认识更加全面。通过对致病分子机制的研究，初步明确了 OsHV-1 引起的宿主组织损伤或由活性氧（ROS）积累所致，查明了 OsHV-1 感染后宿主铁代谢紊乱与 ROS 积累间的因果关系，铁蛋白的高表达或可能成为抑制或减缓这一症状的重要因素。这对防控疱疹病毒引起的规模性死亡起到一定的理论支持。

目前对于感染疱疹病毒的牡蛎，一般要及时销毁，避免病原的大面积传播，并用消毒剂彻底消杀养殖设备。如果在室内养殖，条件允许的情况下可以将水温控制在 20℃ 以下，除此之外尚无有效的治疗方法。

四、寄生虫病及其防控技术

1. 寄生虫的种类及特点

在各种寄生虫病中，我们肉眼可见的主要是甲壳类动物。打开牡蛎壳后在部分个体中可观察到有白色或淡黄色的豆蟹，它们寄生后壳变得薄而软，眼睛及螯也有不同程度的退化，主要寄生在外套腔中，它们的存在不仅给牡蛎带来了更多被病原侵染的机会，而且还与牡蛎争夺本来就有限的食物，从而引起宿主衰弱、生病和死亡。除此之外，部分牡蛎的壳非常脆，往往轻轻一捏就能成块脱落，造成这种现象的一般是掘穴贝，如凿贝才女虫、凿穴蛤等。被这种生物寄生后，打开贝壳，会看到贝壳内部有不同数量、大小不一的小孔，仔细看还能看到孔里面附生的小凿穴贝，正因为被它们所寄生，牡蛎壳被凿穿，使牡蛎肉体与外界直接接触，加大了牡蛎与敌害生物接触的可能，引起牡蛎死亡。

部分原生动物也是牡蛎的寄生虫。如血细胞虫可引起血细胞病，该病于 1980 年前后在整个欧洲蔓延，年均损失超过 80%。槌虫可引发槌虫病，致病力与环境条件相关，被感染的牡蛎糖原降低、消瘦、消化腺褪色、生长停滞、组织坏死，直至死亡。单孢子虫可引发单孢子虫病，在盐度为 20 时传播速度最快，牡蛎死亡最严重，当盐度低于 15 或高于 30 时，致病力减弱。派金虫可引发派金虫病，致牡蛎极度消瘦、肉质疏松、消化腺暗灰色、外套膜内缩、性腺发育受阻、生长缓慢，有时出现脓包。派金虫病已给美国东海岸的美洲牡蛎养殖业带来了巨大损失，除了死亡危害以外，感染派金虫的牡蛎出肉率也大幅度下降。六鞭虫是一种全世界分布的常见寄生虫，其致病性一直有争论。有研究认为，六鞭虫的致病性取决于环境条件和牡蛎的生理状况，可能不是牡蛎死亡的主要原因。当水温低和牡蛎代谢水平低时，六鞭虫可以成为病因；在水温适宜、牡蛎代谢水平高时，牡蛎可以排出体内过多的六鞭虫，使牡蛎与六鞭虫处于动态平衡状态而成为共栖关系。

2. 检测技术

对于寄生在牡蛎内的豆蟹、掘穴贝等寄生生物，可通过肉眼观察。原生动物类寄生虫可通过病理学检测、PCR 检测、原位杂交等多种手段检测。多种方法联合使用、相互验证可有效提高检测效率。

3. 防控技术

寄生虫病的致病性普遍与温度、盐度等环境条件密切相关，可依据这一特性进行针对性防控。如将养殖笼向外海或河口转移，以降低温度和盐度，可有效降低单孢子虫病和派金虫病的致死率；对于豆蟹、才女虫等大型寄生虫，可在养殖操作时避开蟹变态期、才女虫附着期，避开才女虫喜居的多泥和沙泥质的海区等。

五、病害防控的工作重点

牡蛎病害的发生是病原、宿主与环境相互作用的结果，温度是众多因素中最主要的环境因子。温度的升高仿佛打开了一扇门，这扇门里面似乎遍布牡蛎的敌害。温度升高的夏季，恰好是牡蛎积聚能量后的繁殖季节，同时各类病原得到了最适合的生存条件从而大肆生长繁殖，此时繁殖后最脆弱的牡蛎遇到了精力最旺盛的病原体，抵抗能力降低从而引发大规模死亡。相比于陆生生物，牡蛎等水产贝类的病害发生难以预见，治疗也相对困难，成为制约我国水产养殖产业健康可持续发展的瓶颈。牡蛎缺乏适应性免疫，且通常养殖于开放水体，海域环境复杂多变，无法通过药物投放、注射，

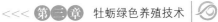

或水质调节等措施控制病害的发生。

目前，"预防为主，防重于治"是牡蛎养殖业病害防控的基本理念，病害预警预报体系的构建能有效预防病害的发生、流行与传播，是"预防"的重要技术手段。病害预警预报体系是指在总结以往监测数据的基础上，系统分析各生物、非生物因素与宿主病害发生及死亡的相关性，通过构建预警模型对病害的发生时间、范围、危害程度等进行预测并发布警示、指导生产活动，规避养殖风险。我国水产动物的病害预警预报体系构建正处于起步阶段，需进一步建立贝类病原预警指标、贝类健康状态指标的筛选与检测技术，研究环境因子与病害发生的关系，系统构建与优化病害预警数学模型，并进行产业应用验证。

（本节作者：刘明坤、李莉、张国范）

第八节　绿色采收技术

延绳竖式吊养、延绳横式吊养与浮筏吊养是现在国内主要采用的海上牡蛎养殖模式。中国水产科学研究院渔业机械仪器研究所（以下简称"渔机所"）针对以上养殖模式，设计研发了机械化采收生产设备与配套设施，目前已处于区域示范应用阶段。

一、延绳竖式吊养模式的采收装备

延绳竖式吊养模式采收包括延绳牵引、吊绳提升、打包转运、撸绳脱料与分拣清洗等作业环节。根据此生产工艺流程，渔机所针对性地研发了海上机械化采收与清洗加工一体化收获作业平台，可实现对延绳低位牵引，吊绳水下提升输送，牡蛎抽绳脱料，滚筒喷淋清洗，集中输送装筐。作业平台配套的主要设备包括：

1. 动力绞车

动力绞车（图 3-54）是用于延绳与吊绳的牵引提升设备，由牵引导轮组、导绳架机构、液动马达与机架等组成。采收时，将延绳放入动力绞车的导轮卡槽中，通过导轮转动对延绳进行导向牵引，同时将吊绳逐步提升出水；设备附带的导绳架机构，可以在牵引过程中将延绳上的牡蛎吊绳与浮体进行分隔。

图 3-54 动力绞车

2. 脱料绞机

脱料绞机（图 3-55）是将牡蛎从吊绳上剥离的设备，由抽绳机、阻料卡槽与动力机构等组成。作业时，将牡蛎吊绳一头穿过阻料卡槽后，绕卷于抽绳机卷轴上。启动抽绳机，卷轴快速转动收卷吊绳，后段吊绳通过阻料卡槽时，附着其上的牡蛎被阻隔，与吊绳分离，完成脱料。

3. 清洗设备

清洗设备（图 3-56）对采收后的牡蛎壳体进行清洗，由网式

图 3-55 脱料绞机

滚筒、高压水泵（图 3-57）、喷淋管路与机架等组成。采用旋转滚筒与高压水喷淋的组合清洗模式。清洗时，在滚筒旋转产生的摩擦力与高压水喷射共同作用下，将壳体泥沙与附着物等杂质剥离去除。

图 3-56　清洗设备

图 3-57　高压水泵

4. 辅助设施

海上作业平台配套安装柴油动力液压站，向各生产设备提供液压动力；配置起绳吊机（图 3-58）用于牵引延绳的起吊作业；安装可倾式水下输送机（图 3-59）与集料输送机，用于采收生产环节中的牡蛎输送；安装螺旋桨舵机，实现作业平台的海上自航。

127

图 3-58　起绳吊机

图 3-59　输送机

　　海上机械化采收与清洗加工一体化收获作业平台（彩图 25）已在山东威海荣成当地牡蛎养殖海区投入采收生产应用，平台运行配置作业工人 6 人，可完成牡蛎采收、脱料、清洗与装筐作业，1个工作日可收获牡蛎 60 吨。

二、延绳横式吊养模式的采收装备

　　延绳横式吊养模式集中分布于福建养殖海区。牡蛎吊绳两头横

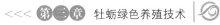
向系挂于两列平行延绳上，采收时需同时割断吊绳两端。渔机所采用同步提升两侧延绳的作业工艺，通过在采收船左右舷侧并列安装动力绞车，并在船体后部布置辅助防偏移动力绞车进行采收生产。考虑到此养殖模式布局紧凑，采用船体小巧的轻型作业船搭载采收设备，完全满足福建当地通常使用 100 千克容量的网袋打包牡蛎吊串的采收习惯与要求，并且投入的建造成本也相对较低，便于今后的推广使用。

轻型采收作业船（彩图 26）在两侧船舷轴向对称位置安装 4 台动力绞车与 2 台起绳吊机，由柴油动力液压站提供动力。采收时，通过吊机将延绳提升至动力绞车的导轮卡槽内，前部两台动力绞车同时提升横式吊绳两侧延绳，并保持同步牵引作业，位于后部的动力绞车保持两侧延绳水平状态，并提供辅助牵引动力。工人将吊绳两端从延绳上切断，置于打包网袋内，完成采收作业。

该型采收作业船在福建省石狮市农业标准化示范区进行生产示范，单船采收作业时，配置工人 2 人，牡蛎采收量为 3 吨/小时。

三、浮筏吊养模式的采收装备

浮筏吊养模式主要分布于广东和广西沿海养殖区。牡蛎吊串按养殖密度要求挂系于由竹木搭建的浮筏横杆上，垂入海中养殖。与筏式延绳吊养模式不同，浮筏吊养在挂苗与采收时，工人需直接在漂浮于海上的浮筏上进行牡蛎吊绳系挂与解脱作业。针对浮筏吊养的海上作业模式，研发陆上牡蛎苗串系挂，使用挂架转运海上投放（图 3-60），至养成后牡蛎吊绳一体化回收归拢，再转运至陆上的分段式作业方案，配套研发了包括养殖浮筏、转运挂架、收放系统与作业驳船（平台）构成的作业装备。

1. 养殖浮筏

根据抗风浪性与机械化作业要求，养殖浮筏（图 3-61、图 3-62）采用封闭式框架，中间为"X"形加强筋加固结构，下部安装浮箱，并配套锚定系统。浮筏模块在海上可互相串联衔接，形成规模化养殖群。

滑轮
作业平台
筏架
卷扬帆
运输船

1.筏架、作业平台与运输船就位

滑缆

2.投放传输滑缆系统连接就位

3.牡蛎吊串依次通过滑缆投送到位

4.投放系统脱离释放，筏架、工作平台与运输船分离

图 3-60   机械化投放、采收作业流程

图 3-61   3D 养殖浮筏模型

图 3-62   抗风浪浮筏

2. 转运挂架

转运挂架由陆上底座立架、挂架与吊装工具等组成（图 3-63）。在陆上车间内，将挂架架设在底座立架上，工人进行牡蛎吊绳系挂作业；随后挂架通过吊装工具收拢起吊（图 3-64），转运至作业驳船的立架上。

图 3-63　转运挂架与吊装工具

图 3-64　挂架起吊

3. 收放系统

收放系统（图 3-65）由双滚筒动力卷扬机组、滑轮组件、输送用钢丝绳以及柴油动力液压站等组成。在投放与采收时，滑轮组与动力卷扬机通过钢丝绳连接，组成倾斜向下（向上）运行的输送系统，进行牡蛎吊绳投放与采收。

图 3-65 机械化收放系统

4. 作业驳船（平台）

可用平底驳船或钢结构平台改装并配备动力系统。船上区域划分为载货区与设备作业区。载货区为转运挂架上船后的放置区；设备作业区则根据设计布局安装机械化收放系统的相关设备，在投放与采收时船体该区域靠泊养殖浮筏侧，牡蛎串通过传送设备进行收放。

该机械化投放与采收模式目前已在广西钦州茅尾海大蚝养殖区进行生产示范。作业前由 1 名工人进行输送部件的安装就位，作业时 2 名工人进行辅助操作。在作业效率方面，以一个 8 米×8 米养殖区域总计 1 024 根牡蛎吊绳的投放或采收量来计算，使用机械设备作业，整个作业周期仅需 30 分钟。如遇台风天气，可在短时间内快速完成大规模的牡蛎起收转移，减小损失。

（本节作者：沈建、徐文其、高翔）

第四章

牡蛎绿色养殖模式

第一节　乳山模式

一、基本信息

乳山的牡蛎养殖区海岸线自浪暖口至乳山口总长近 200 千米，离岸距离为 1~20 千米，水深为 6~20 米，达到一类海水水质的可利用海域共计 11.3 万公顷。潮汐类型为正规半日潮，每天呈现两峰两谷，平均潮差 244 厘米。沿海海底比较平缓，底质砂占 70%，泥占 30%。近海表层年均水温 13.5℃，年均降水量 814.1 毫米，年均盐度 29.3。海域开阔，海水流速较快（常年流速在 25 厘米/秒左右），养殖海区与外界水体交换量大。养殖海区远离城区，沿岸为省级银滩旅游度假区，无工业污染项目，环境优美。黄垒河和乳山河两大入海河流为海区提供了大量营养盐，促进了牡蛎生长所需的海洋基础生物的繁殖和生长。适宜的温度和盐度、洁净的水质和丰富的基础饵料，造就了乳山牡蛎个头大、肉质饱满、味道鲜美等优异品质，使乳山成为北方的牡蛎产业中心。

2020 年，乳山牡蛎养殖水域面积达 2 万公顷，产量 38 万吨，占山东省牡蛎养殖总产量的 34.37%，第一产业产值达 30 多亿元。乳山以牡蛎合作社形式集中确权养殖区，采取"龙头企业＋合作社＋养殖户"的方式，实行"统一苗种、统一技术、统一管理、统一收购"的标准化生产。目前，乳山已发展牡蛎养殖合作社 40 余家，社员总数 725 人。养殖规模年产 1 000 吨以上的养殖户约达 150 家，华信食品（山东）集团有限公司、乳山市润丰水产品养殖场、乳山市丰泽源牡蛎养殖专业合作社等 10 余家上规模的牡蛎养殖合作社的养殖海域面积都达万亩以上。建设牡蛎产业融合发展园区 4 处，园区内实现了牡蛎养殖、清洗暂养、电商销售、物流快递、生产服务一体化融合发展。实现牡蛎养殖从分散化向组织化、合作化的转变。养殖业的兴旺带动了下游销售和加工业的兴起，鲜食牡蛎、单冻牡蛎肉、半壳牡蛎等产品不仅进入北京、上海、广州等大中城市的销售市场，同时也畅销日本、美国及东南亚等 15 个国家和地区。

　　乳山的牡蛎人工养殖经历了从滩涂养殖到浅海浮筏养殖模式的转变（图 4-1）。目前，基于牡蛎养殖生物学特征的二段式模式于 2000 年前后逐步形成，这种方式能避开台风季节，创新性地采用换季生产的方式进行牡蛎秋播春收的筏式育肥养殖。即每年的春季进行牡蛎人工育苗，然后在荣成和大连等地进行养殖，翌年 9 月将壳高达到商品规格的牡蛎运回乳山，采用笼式筏架养殖方式进行育肥。传统的不转场养殖模式因养殖密度过大和周年养殖等原因，秋冬季节肥满度不高，夏季肥满度高时口感较差，产品品质难以匹敌乳山牡蛎。乳山牡蛎秋播春收的筏式育肥养殖模式，开辟了牡蛎养殖的新途径。

图 4-1　乳山牡蛎养殖区

二、放养与收获情况

1. 放养标准

养殖海区布局：一般每个生产作业区不超过 133.3 亩，作业区之间保留 60～100 米的航道；筏架设置根据养殖区流速大小，筏向与流向呈 45°～90°角，每台筏架有效长度以 100 米以下为宜，筏间距≥12 米。

传统养殖方式每排筏架的养殖绳为 100～200 条，每绳有 15～30 片附着基，每片附着基 5～20 只牡蛎稚贝，放养规格一般为壳高 0.5～1 厘米，养成绳间距≥0.5 米；养殖 1 年后一般规格为壳高 6～10 厘米，每绳牡蛎重量 15～20 千克；而乳山养殖模式早期阶段与传统养殖方式一致，不同点是在翌年 9 月中旬（水温稳定在 25℃以下）至 10 月下旬，选取已生长一年的壳高≥6 厘米的牡蛎成贝按照一定密度标准装入网笼进行育肥。网笼网衣为聚乙烯材质，网目大小为 4～4.5 厘米。网笼层间的隔片为厚 0.8 厘米的灰色高密度聚乙烯塑料板，板面上有多圈孔径约 1.0 厘米的圆孔，隔片直径≤32 厘米为宜，间距 14～16 厘米，隔片 8～10 层为宜。采用干运法将苗种从夹养海区运至笼养育肥海区，时间控制在 24 小时以内，途中采取防晒、防风干、防雨等措施。根据规格大小每层放置 20～30 个为宜，并结合养殖海区的饵料丰度以及浮筏的支持量而定（图 4-2）。

图 4-2　乳山牡蛎育肥装苗

苗种分装完毕后将网笼装船，挂于海区的浮筏，筏间距≥12米，网笼间距≥1.5米。每笼装苗一般25～30千克。养殖笼或采苗器顶端根据养殖区水深，平时水层保持在0.2～1.0米，在高温期及海洋生物大量附着的季节，适当调至0.5～4.0米深水层；大风浪来临前，应将整个筏架下沉或进行吊漂养殖。笼养时间达4～5个月后，网笼附着的杂藻、淤泥等将影响笼内水交换或牡蛎生长，如不能及时出售，应进行分笼。

2. 收获标准

一般经过60～80天的育肥，牡蛎重量可增加10%～15%，肥满度可达到12%～15%。若11月完成出售，可进行第2批牡蛎筏式育肥养殖，翌年1月后便可连续收获到4月产卵前（图4-3）。标准牡蛎养成品外壳规整、无寄生虫、无明显杂质、离水时双壳闭合有力；开壳后肉部表面无泥等明显杂质，规格为壳长≥7厘米或单重≥50克，得肉率≥15%，每笼重量可达30～35千克（彩图27、图4-3）。

图4-3 牡蛎收获和单体剥离

3. 生鲜加工及包装运输

将符合收获标准的牡蛎人工分成单体，然后清洗外壳，完成分级和净化（彩图28）后进行包装销售。参照市场上通用乳山牡蛎分级标准，将牡蛎分为六级（表4-1）。

包装销售的产品为适应长途运输，并保证运输途中牡蛎的产品质量，需要妥善包装，正确标贴，不应漏水、滴水、渗水和散发不良气味；能承受气温和气压的突然变化，具有一定的抗压强度，保证在正常运输过程中不会损坏。每件产品运输包装件的重量不应超过 25 千克。包装材料应选用瓦楞纸箱、泡沫箱、聚氯乙烯贴布革水产袋、聚乙烯塑料袋、胶带及其他辅助材料。包装前应沥水 5 分钟以上，包装时尽量减少包装中的水量，由内至外包装。泡沫箱箱盖应用胶带将四边密封；瓦楞纸箱应用胶带封口。外包装上应有"小心轻放""禁用手钩""禁止滚翻""堆码极限"和"向上"等标识。产品应储于清洁、干燥、阴凉、无异味的专用仓库中，温度以 0～5℃为宜。温度适宜的情况下，可保存 6 天，且不能与其他食品混杂搁放。运输工具应清洁、干燥、无异味、无污染；运输时应防潮、防雨、防暴晒；装卸时应轻放轻卸；严禁与有毒、有异味、易污染的物品混装混运。

表 4-1　乳山牡蛎分级标准

级别	单重（m，克）	得肉率（%）
特级	$m \geqslant 250$	
一级	$200 \leqslant m < 250$	
二级	$150 \leqslant m < 200$	
三级	$125 \leqslant m < 150$	$\geqslant 15$
四级	$100 \leqslant m < 125$	
五级	$50 \leqslant m < 100$	

三、养殖效益分析

传统养殖模式，7 月从海区采集野生苗种，采用夹绳方式经过约 1 年的养殖到翌年繁殖期前采收，取软体部进行销售。每投放 1 万串总产值约为 60 万元，总利润约为 17.9 万元。乳山模式每年 5 月从育苗场采购人工繁育的苗种，先采用夹绳养殖到壳高 6～10 厘米,翌年秋季将牡蛎分成单体装到网笼进行异地育肥,以带壳单体牡蛎的形式进行销售,总利润为56.9万元。通过实施"长牡蛎分段式高效绿色养殖模式",牡蛎养殖效益提高2.17倍,增收效果显著(表4-2)。

表4-2 成本核算比较(以1万绳苗种为例)

编号	项目	传统养殖方式	乳山模式	备注
1	养殖品种	野生苗种	人工苗种	
2	养殖周期	7月至翌年7月	5月至翌年12月	
3	苗种(万元)	6.0	10	24片/绳
4	养殖设施(万元)	3.0	5.4	包括桩、主绳、浮球、网笼和船等,按5年折旧
5	劳动力(万元)	32	44	2名长工(10万元/年)
6	燃料动力(万元)	1.0	1.6	
7	租金和保险(万元)	0.1	2.1	
8	总成本(万元)	42.1	63.1	
9	总产量(吨)	120	150	
10	价格(万元/吨)	0.5	0.8	
11	总收入(万元)	60	120	
12	总利润(万元)	17.9	56.9	

四、经验和心得

1. 海区优势与牡蛎生物学特征完美结合

牡蛎生长一般分为个体生长期和上市前的育肥期。乳山海区由雨季降水带来丰沛的营养盐,秋冬季饵料丰富,使其成为我国长牡蛎育肥的最优质海区,这是乳山牡蛎产业迅速发展并取得显著经济效益的核心竞争力之一。避开了春夏两季风暴潮频发及夏季水温

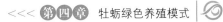

高、发病和死亡率高的阶段，提高了牡蛎的成活率，降低了养殖生产的风险；解决了夏季附着物多的问题，减少了倒笼去杂等多道工序，降低了生产成本和机械损伤对牡蛎的影响。

2. 养殖容量控制

乳山牡蛎仅利用养殖海区半年的生产力，在春夏高温季节海区休整，充足的光照和较高的温度使基础生物大量繁殖生长，提高了养殖海区的健康水平和生态承载力。通过实施海区环境数据实时监测，开展了牡蛎养殖容量标准的制订工作，提出依据育肥前牡蛎条件指数制订转场操作。划定牡蛎养殖"红线"，控制乳山牡蛎养殖总面积，保障乳山牡蛎的独特品质。

3. 产学研结合

通过建立中科乳山牡蛎产业研究院等形式，借力专业院所的研究力量，积极引进国内科研院所最新研发的牡蛎新品种，如长牡蛎"海大1号""海蛎1号"及三倍体牡蛎等，不断提高良种覆盖率。围绕牡蛎产业关键技术链条，与中国科学院海洋研究所联合开展了高质量牡蛎产业关键技术研发与示范，包括高品质牡蛎新品种推广、高品质牡蛎种苗规模扩繁技术以及高品质牡蛎壳形塑造等。与贝类产业技术体系相关科学家开展合作，开展了牡蛎产品质量及产业健康状况的动态监控，实现了对产业风险的预警预报。

4. 乳山牡蛎标准的普及

按照把牡蛎做成"标准品"的思路，建立了养殖、净化、包装、储运、销售、食用等环节的标准体系，为乳山牡蛎标准化发展提供保障。把生鲜牡蛎升级为标准化产品，确保品质如一。

5. 品牌和销售渠道的拓展，打破牡蛎传统销售模式

扩展线上销售渠道，发展了金谷之园、智创孵化器和"蛎尚往来"等牡蛎网络销售平台，实现乳山牡蛎产品品牌、包装、销售、宣传的统一。提升牡蛎的产品品质，打破牡蛎按袋或按斤卖的传统，实现了牡蛎"按个卖"的产业升级；地方政府积极推进乳山牡蛎品牌建设，先后举办了"乳山牡蛎上市（北京）品鲜荟""乳山牡蛎品鲜季""乳山牡蛎文化节"等活动，策划了"乳山牡蛎体验

牡蛎 绿色高效养殖技术与实例 >>>

之旅"线路，推出"牡蛎美食""牡蛎＋干白""牡蛎＋温泉"等系列产品，广泛吸引了大众关注。

（本节作者：丛日浩、谭林涛、吴富村、李莉、张国范）

第二节 楮岛模式

东楮岛村位于我国北方典型规模化养殖海湾——桑沟湾的南岸，原有主导产业为传统海水养殖、近海捕捞。在渔业资源日益衰退、传统海水养殖生产效率低下的背景下，东楮岛村逐步转变发展理念，在政府主管部门的大力支持下，依托荣成楮岛水产有限公司，实行村企融合发展模式，与中国水产科学研究院黄海水产研究所、中国科学院海洋研究所、天津大学等科研院所和高校建立了长期合作关系，共建"国家贝类产业技术体系荣成综合试验站""唐启升院士工作站""海草床生态系统碳汇观测站"等科研平台，构建并应用了牡蛎-海带-海参多营养层次综合养殖模式，并以此模式为核心，延伸发展并成功打造了集海水养殖、休闲渔业、科技研发、海洋食品于一体的综合性现代化乡村发展"楮岛"模式。

一、基本信息

多营养层次综合养殖是指2种及以上不同营养级生物在同一区域内同时养殖的综合养殖模式。基本原理是基于不同类型生物功能群的生物学和生态学特性及其互利关系，结合养殖设施的生态工程化设计，达到系统内营养物质的高效循环利用，实现养殖活动与生态环境保护的协调与平衡（唐启升等，2017；方建光等，2020）。以牡蛎-海带-海参多营养层次综合养殖模式为例（图4-4），牡蛎通过滤水和生物沉积作用降低水体中颗粒物含量，提高水体透明度，有利于海带和浮游植物进行光合作用；海带和浮游植物将牡蛎和海参代谢过程中释放的游离二氧化碳及氨氮作为原料，通过光合作用产生溶解氧反馈给牡蛎和海参；海参将海带碎屑及牡蛎产生的生物沉积物作为食物来源。作为一个开放的生态系统，牡蛎-海带-海参综合养殖系统通过不断地与外界环境进行物质和能量的交换来维持生态系统的有序性。

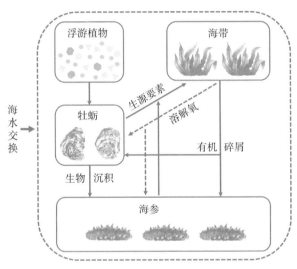

图 4-4　多营养层次综合养殖原理

二、放养与收获情况

1. 养殖设施

筏架绠绳为直径 2.4 厘米的聚乙烯绳，总长 150 米，其中可养殖利用长度 100 米，筏架两边的根绳各 25 米，筏架间距 5.3 米。海带绳间距 1.15 米。每绳海带 32 棵，彩色生态 PE 浮漂直径为 30 厘米，开始阶段大约每绳 20 个浮漂，之后随海带、牡蛎生长逐渐增加浮漂数量。海带根绳为聚乙烯绳，根绳粗 2.4 厘米，长 2.3 米，根绳间距 1.5 米。养殖笼吊绳粗 0.4 厘米，长 6.0 米，吊绳间距 2～3 米。吊绳使用"八"字扣进行固定，便于吊挂和采收。牡蛎笼 9 层，层间距 15 厘米（图 4-5、图 4-6，表 4-3、表 4-4）。

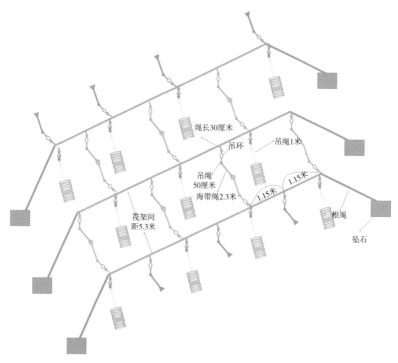

图 4-5　筏架结构及养殖模式示意

图 4-6　养殖海区一隅

表 4-3　综合养殖区与传统养殖区布局对比

养殖区	综合养殖区	传统养殖区
筏架间距（米）	5.3	4.7（海带）、6（牡蛎）
海带绳间距（米）	1.15	0.85
牡蛎吊绳间距（米）	2～3	0.8
海参分布密度（头/亩）	200	无
每绳海带数（棵）	32	35
浮漂直径（厘米）	30 厘米彩色生态 PE 材质	28 厘米普通再生料
海带绳与筏架连接方式	“八”字扣	普通吊绳捆绑

表 4-4　牡蛎-海带-海参养殖模式的苗种放养与收获

养殖品种	放养			收获		
	时间	规格	亩放	时间	规格	亩产
牡蛎	2017 年 5 月	壳高 3～5 厘米	172 笼	2018 年 9 月	壳高 11.35 厘米	2 800 千克
海带	2017 年 11 月	长 12～17 厘米	348 绳	2018 年 5 月	长 323.75 厘米	14 800 千克
海参	2017 年 5 月	40～60 头/千克	200 头	2019 年 5 月和 10 月	8～10 头/千克	20 千克

2. 苗种选择与投放

牡蛎苗种选择应注重苗种的来源，选择具有生长快、病害少等特点的苗种，要求附苗密度适中，苗种密度过大或者过小均会影响牡蛎品质和产量。进苗前要送检验检疫部门进行检疫，防止购买到不符合市场要求的苗种。

在多营养层次系统中与牡蛎混养的海带也应选择生长性状优良且无伤无病的苗种。采苗时保留苗绳上 10 厘米以内的海带苗，不得损坏幼苗的根部，尽量缩短幼苗离水时间，动作要轻而快。运苗时要防晒，避免干露和强光刺激，途中随时泼洒海水，保持幼苗湿润。夹苗前应将苗绳在海水中浸泡，使苗绳处于湿润状态。同一根苗绳幼苗的大小要一致，夹苗密度要严格掌握，2.5 米长苗绳夹苗 30～35 棵，以 32 棵为宜，否则会影响海带的生长质量和产量。夹好苗后，仔细检查海带的密度，若密度过大，再进行稀疏；密度过小，则要增加苗种密度。

而海参苗种应尽量选择与海参养殖区处于同一海区的育苗企业的海参苗种。同一海区的海水盐度、水温、pH 等各项指标接近，投放后参苗对海水环境适应比较快、成活率较高。健康的参苗应不摇头、不肿嘴、不化皮、未吐肠；参刺坚挺，在水中伸展自如，对外界刺激敏感，体表干净，不挂污浊物；附着力强，从水中取出附着基，上下轻抖，牢牢地附着不掉；摄食旺盛，排泄物较多且呈粗条状不粘连。此外，还可以透过灯光观察参苗，从肠道内容物的多寡来判断其健康情况。

3. 日常管理

定期清理污损生物，维护生产设施；定期监测水质指标、饵料生物等与海带生产密切相关的环境因子；对养殖区域进行编号、记录，做到产品可追溯；随时根据牡蛎、海带和海参生长情况调整浮漂数目；定期冲洗牡蛎养殖笼，去除污泥、残饵、粪便及附着的杂贝、杂藻等，必要时更换牡蛎养殖笼。

三、养殖效益分析

相较于传统养殖方式，牡蛎-海带-海参多营养层次综合养殖模式在单位面积租赁费等常规费用不变的情况下可取得更高的经济效益。同时，由于贝藻参在综合养殖模式下互惠互利，牡蛎、海带、海参在单体重量、肥满度、色泽、品质方面均有显著提高，进而提高了单体销售价格。经核算，综合养殖模式每亩海域牡蛎毛收入为 7 488 元（表 4-5），海带毛收入 10 831 元（表 4-6），海参毛收入为 2 600 元（表 4-7）。进一步核算成本后，每亩养殖海域净利润为 5 640 元，经济效益显著（表 4-8）。

表 4-5　多营养层次综合养殖牡蛎单位面积效益核算

项目	指标值
每个筏架牡蛎养殖笼数（笼）	43
每亩养殖海域牡蛎养殖笼总数（笼）	172
总产量（千克）	2 880
单价（元/千克）	2.6
毛效益（元）	7 488

表 4-6　多营养层次综合养殖海带单位面积效益核算

项目	指标值
每个筏架海带绳数（条）	87
每亩养殖海域海带绳总数（绳）	348
总产量（千克）	12 300
湿重：干重	7.04：1
干重总产量（千克）	1 747
单价（元/千克）	6.2
毛效益（元）	10 831

表 4-7　多营养层次综合养殖海参单位面积效益核算

项目	指标值
每亩养殖海域投放苗种质量（千克）	4.5
总产量（千克）	10
单价（元/千克）	260
毛效益（元）	2 600

表 4-8　多营养层次综合养殖成本核算

项目	费用（元）
租赁费	240
海带苗种费	140

（续）

项目	费用（元）
牡蛎苗种费	1 600
海参苗种费	1 050
养殖材料损耗费	1 550
劳动力成本	9 500
其他费用	1 200
净利润	5 640

四、经验和心得

1. 注重产学研合作

作为从事多年水产养殖生产的企业，荣成楮岛水产有限公司注重与国内外相关科研院所加强合作。科研院所组织科技力量进行技术攻关，解决企业发展的瓶颈，协助企业进行技术升级改造，为企业提供技术支持及人才培养服务。合作企业通过提供必要的研究条件和试验场所，为新技术研发提供基础条件支撑。依托中国水产科学研究院黄海水产研究所等科研院所研发的基于养殖容量的多营养层次综合养殖模式（Fang 等，2016；Lin 等，2020），实施了筏式标准化贝藻参生态养殖模式、鳗草床海区菲律宾蛤仔-脉红螺综合养殖模式，建立了筏式贝藻参生态养殖示范基地 1 处，核心示范面积 150 公顷；建立了鳗草床海区贝-螺综合养殖示范基地 1 处，核心示范面积 150 公顷，经济、生态、社会效益显著。目前，多营养层次综合养殖模式已在俚岛湾、爱伦湾、桑沟湾、石岛湾等区域辐射推广面积达 3 000 公顷，产业支撑效果非常显著。

2. 坚持生态优先，开发与保护协同共进

东楮岛所在的桑沟湾是我国海水养殖优良港湾，20 世纪 90 年代以前，桑沟湾野生贝类资源丰富，是牡蛎、栉孔扇贝、鲍等贝类的重要产区。近年来，随着资源过度开发和环境恶化，一些

贝类资源急剧减少，甚至消失。实施贝藻参综合养殖、海草床资源保护与恢复等工作以来，该公司所辖海域生态环境大大改善（吴亚林等，2018）。自 2006 年开始，东楮岛海域的海草面积开始逐步增加，为更多的海洋生物提供了良好的栖息环境，鲍等野生贝类资源得到了一定程度的恢复，取得了经济、生态、社会效益多赢的良好效果。

3. 推进一、二、三产业融合发展

近年来，伴随着观光、体验等休闲渔业的兴起，荣成楮岛水产有限公司以牡蛎-海带-海参多营养层次综合养殖模式为核心，利用东楮岛独特的滨海自然优势，将历史文化、渔家文化、海洋文化与科普教育等相结合，构建了集海水养殖、休闲渔业、科技研发、海洋食品于一体的综合性现代化乡村发展新模式。同时，打通一、二、三产业，将现代养殖、精深加工、休闲渔业等产业有机融合，打造了生产、观光、餐饮、住宿、娱乐、购物等综合性产业模式（图 4-7 至图 4-9）。2018 年，累计接待游客 15 万人，实现旅游总收入 1 200万元，户均增收 5 万元。先后荣获"中国历史文化名村""中国最美渔村""CCTV 2017 中国十大最美乡村""中国美丽休闲乡村""全国休闲渔业示范基地""国家级海洋牧场示范区"等荣誉称号。

图 4-7　楮岛休闲渔业观光平台

图 4-8　东楮岛历史名村风貌

图 4-9　海草房民宿

（本节作者：蒋增杰、房景辉、王军威、张义涛）

第三节 诏安模式

一、基本信息

闽粤交界处的诏安湾地处东南沿海，西面为宫口半岛，东面是东山岛，总面积为152.66千米^2，湾内海底宽浅平坦，海域水质良好，非常适合牡蛎等贝类的养殖。20世纪90年代起，当地养殖户开始进行牡蛎延绳式养殖，且养殖规模日益扩大，2019年养殖面积已达3 200公顷，产量26.92万吨。诏安湾牡蛎养殖周期一般在1年以内，养殖产量大，但产品个体小，主要是剥肉后制作成鲜肉、蚝干销售，或是高压蒸汽剥壳取肉作为牡蛎罐头加工的原料，商品价值较低（曾志南等，2009）。

福建海创水产品有限公司位于诏安县梅林镇林厝村，公司创始人林舜辉1998年开始在诏安湾海域养殖牡蛎，养殖规模日益扩大，现年养殖产量达7 500吨，为诏安养殖面积、产量最大的养殖户，并先后创办了牡蛎高压蒸汽剥壳取肉、净化加工厂。为改变诏安福建牡蛎产品个体小、价值低的现状，2017年公司开展了"福建牡蛎提质增效示范养殖"，通过对品种的选择、放苗时间和养殖周期的调整、养殖海区的科学布局、养殖配套设施及日常管理等的改进，养殖效益显著提高。

二、放养与收获情况

2017年5月，开始养殖牡蛎壳附苗的三倍体福建牡蛎和二倍体福建牡蛎，养殖方式均为平挂式延绳养殖。至2018年5月养殖1周年，结果显示，养殖二倍体福建牡蛎（对照组），平均个体全重（39.64±12.62）克，平均壳高（7.03±0.87）厘米，最大个体全重59.78克，当年即上市出售，平均每串（16个牡蛎壳附苗器）

产量为 7.0 千克，平均销售价格 2.0 元/千克，每串产值为 14 元。养殖三倍体福建牡蛎（试验组），至 2019 年 5 月养殖 2 周年，平均个体全重（181.38±64.03）克，平均壳高（9.16±2.30）厘米，最大个体全重达 379.07 克，其中 91% 的个体均在 100 克以上，38.2% 的个体在 200 克以上，平均每串（16 个牡蛎壳附苗器）产量为 5.0 千克（因湾外风浪大，牡蛎养殖周期长，有部分个体死亡和脱落），销售价格平均为 20 元/千克，每串产值为 100 元。

三、养殖效益分析

以养殖 100 条主绳，5 万串苗计，养殖普通二倍体福建牡蛎 2 年内可生产 2 批次，总生产成本为 53.5 万元，总收入 140 万元，利润为 86.5 万元；养殖三倍体福建牡蛎前期苗种成本有所提高，总生产成本为 65 万元，所养殖的牡蛎规格大、肉质饱满，产品供不应求，总收入达 500 万元，利润达到 435 万元，养殖效益为传统养殖方式的 5 倍（表 4-9，图 4-10、图 4-11）。

表 4-9　养殖效益对比分析

编号	项目	传统养殖方式	提质增效养殖方式	备注
1	养殖品种	二倍体福建牡蛎	三倍体福建牡蛎	
2	养殖周期	1 年	2 年	
3	苗种成本（万元）	26	31.5	二倍体苗为 2.6 元/串，三倍体为 6.3 元/串，包括分苗等费用
4	养殖设施成本（万元）	5.0	5.0	包括桩、主绳、泡沫及船等，按 5 年折旧计
5	人工管理成本（万元）	12.0	12.0	6.0 万元/年
6	收获成本（万元）	10.5	16.5	其中海区收获成本均为 150 元/吨，三倍体剥离成本为 500 元/吨

（续）

编号	项目	传统养殖方式	提质增效养殖方式	备注
7	总成本 （万元）	53.5	65	
8	总产量 （吨）	700	250	
9	销售价格 （万元/吨）	0.2	2.0	
10	总收入 （万元）	140	500	
11	总利润 （万元）	86.5	435	

图 4-10 福建海创水产品有限公司福建牡蛎提质增效示范养殖区

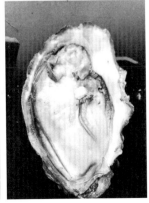

图 4-11 福建海创水产品有限公司福建牡蛎养殖产品

四、经验和心得

该模式取得显著效益的主要原因：一是在牡蛎品种方面，选择生长速度快、肉质肥满度好的三倍体福建牡蛎；二是在养殖海区方面，选择水流通畅、饵料丰富、附着生物较少的湾外海域；三是养殖周期延长至 2 周年，产品肥满度好、规格大；四是加强日常管理，根据牡蛎生长情况适时增加浮球数量；五是选择牡蛎消费高峰期的夏季集中上市，同类产品少，销售价格好，养殖效益高。

（本节作者：宁岳、曾志南）

第四节　钦州模式

一、基本信息

茅尾海位于广西钦州湾北部的狭长海湾，湾口窄，湾底宽，海岸线长约 120 千米，面积约 134 千米^2；南北纵深约 18 千米，东西最宽处为 12.6 千米；水深 0.1～5 米，最深处可达 29 米，是中国最大的城市内海。

茅尾海是名优海产品香港牡蛎的原产地，曾是国内香港牡蛎天然苗种最大的采集地。传统采苗主要采取高潮区水泥柱式、低潮区插木桩式及浅海区沉排水泥饼串 3 种采苗方式。采苗时机凭经验确定，附着基一次投放直至收获，每年的附苗数量丰歉不定。2000—2010 年，茅尾海天然苗种产量和数量逐年下滑，从最多的年产 2 亿多串锐减至 2 000 万串左右，广西从大蚝苗种输出大省份沦为苗种输入大省份，失去了大蚝苗种产量全国领先的地位。

钦州市钦南区沙井大蚝养殖合作社位于茅尾海核心采苗区，原有养殖户 40 户，蚝排 200 张。在经历了最初几年的低产亏损低迷状态后，2011 年在政府部门的协调与扶持下，与国家贝类产业技术体系广西贝类综合试验站签订协议合作建设海区半人工采苗核心示范区，试验站人员当年首次在茅尾海开展浮游幼体数量监测、水质监测、生长监测及病害预警监测，并提供采苗预报专业技术服务。同时利用部分蚝排进行分段式保苗中培试验，取得明显效果。2012 年之后，通过核心示范区辐射作用，在多项实时监测数据基础上，合作社及周边养殖户采取了一种全新的精准采苗技术。与传统育苗模式相比，根据苗种不同生长阶段选择不同海区的分段式科学育苗模式，极大地提高了苗种存活率及生长速度。2012—2015 年茅尾海采苗量每年以 30% 的速度增长。2015 年，茅尾海采苗量恢复到 1.5 亿串以上。该合作社生产规模也不断扩大，养殖户增加至 83 户，蚝排增至 400 张，销售蚝苗 3 000 万串以上，产值超 1 亿元。合作社连续 4 年实现扭亏为盈，养殖户增产增收效益显著。

1. 海区采苗预报

　　为了指导养殖户科学采附蚝苗，2011—2015 年广西贝类综合试验站连续 5 年在茅尾海沙井海区开展牡蛎性腺发育观察、海区浮游幼体数量变动和水质监测，并根据监测和观察结果发布采苗预报，指导养殖户适时采苗。

　　（1）亲贝性腺发育检查　在每年的 4—7 月进行。分别从茅尾海上游、中游、下游及大风江口 4 个采样点（图 4-12），每隔 15～30 天各随机采集 2～3 龄亲贝 30 只，检查并记录其性别、肥满度和精卵排放情况。

　　（2）采苗区幼虫监测　在每年的 5—7 月进行，采样点设定在沙井采苗区内。用 300 目的中型浮游生物网进行采集。一般在大雨过后每隔 1～2 天在当日的最高潮和最低潮时段采集表层（0.5 米）和中层（1.5 米）水样。显微镜镜检并记录壳顶前期、壳顶中期、壳顶后期、眼点幼虫数量（图 4-13）。

图 4-12　幼体供体贝样品采集点

图 4-13　不同发育时期浮游幼体

（3）水质与水文监测　牡蛎的繁殖及幼体生长与水质及水文状况密切相关，牡蛎精卵排放除了与其性腺发育程度有关，外界因素，如潮汐、降雨等水文状况的影响也至关重要。因此，必须建立一套采苗区实时水质监测系统，重点掌握海区温度、盐度变化情况（图 4-14）。

（4）采苗预报及效果　历年监测结果表明，沙井牡蛎幼体数量高峰出现的时间为 6 月中旬到 8 月初，在低潮期，0.5 米水层，壳顶前期幼虫高峰期数量为 10 348～36 942 个/米³。牡蛎排放高峰期海区水质特征为水温 23.7～32.06℃，盐度 0～22，pH 6.93～8.89。一般牡蛎幼体数量高峰出现前 1 周左右有大雨。当海区监测

图 4-14　海区水质实时监测系统

到牡蛎幼体峰值后，对出现峰值前后 10 天的海区盐度值进行采集及分析，当发现高峰期后连续 3 天海区低潮期盐度持续偏低（≤3）时即可发出采苗预报。2011—2015 年，各年采苗预报发布时间分别为 7 月 5 日、7 月 2 日、7 月 10 日、6 月 15 日和 8 月 5 日，多数出现在 7 月。

　　投放附着器后 1～2 个月检查附着采苗情况及苗种大小，一般每个采苗器采苗数量为 10～15 个即可达到生产要求。各年检查每片附苗结果为 2011 年 20～30 个（8 月 13 日查）、2012 年 15～20 个（10 月 30 日查）、2013 年 6～10 个（12 月 5 日查）、2014 年 25～30 个（12 月 2 日查）、2015 年 6～13 个（9 月 20 日查），均达到 5 个以上的生产指标（图 4-15）。

图 4-15　茅尾海牡蛎采苗场及采苗效果检查

2. 建立分段式养殖模式

通过对高盐养殖区牡蛎春季死亡与其性腺发育之间的关系进行

155

研究及对不同海区（高盐区、中盐区、低盐区）牡蛎进行生长对照试验，结果发现，香港牡蛎具有高盐海区利于快速生长、低盐海区适合繁殖及保苗的特点，建立茅尾海基于海区选择的移苗转场分段式育苗方式（图4-16）。

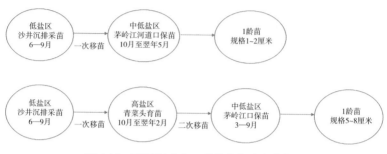

图4-16　茅尾海半人工采苗分段式育苗模式

二、放养与收获情况

1. 传统育苗模式

2010年之前，一般6—9月在低盐区采苗，附着基一次投放直至翌年6月收获。育苗过程普遍有2次死亡高峰，1次在中秋节前后，1次在立春前后，累计死亡率高达80%以上，翌年6月销售，1龄苗规格达1～2厘米（壳高），保苗存活率20%左右。

2. 一次转移模式

中秋节过后，陆续将吊挂在采苗场的牡蛎苗装船移场，移至茅岭江河道口中低盐区附近的浮排进行中培及保苗。翌年6月销售，1龄苗规格达1～2厘米（壳高），保苗存活率80%以上。

3. 两次转移模式

一般选在中秋节后，待藤壶繁殖期过去，将低盐海区所采的幼苗移至高盐海区的浮筏上继续养殖，到翌年2月，又将苗移至中低盐区进行保苗，至翌年6月销售。1龄苗规格达到5～8厘米（壳高），保苗存活率80%以上。

三、养殖效益分析

1. 成本核算比较（以 2015 年为例）

（1）传统采苗方式　采苗器 0.26 元/串（7 个饼块），投放人工费为 0.05 元/串、沉排 3.0 万元/个（可投 10 万串/排），加上管理费后，生产成本为 0.8 元/串。

（2）两次分段式育苗　在传统采苗开支的基础上，增加了 2 次移苗运费，每次为 0.055 元/串，胶丝 0.01 元/串，浮排 6.5 万元/个（可挂 18 万串），加上租金及管理费等，生产成本为 1.3 元/串。

2. 效益比较

（1）传统方式采苗及育苗　每投放 10 万串采苗器，育成率 20%左右，生产成本 8.0 万元，由于需二次加工拼接苗串，除去加工成本 1.0 元/串，1 龄苗价相当于 2.5 元/串，2 龄苗价相当于 5.0 元/串，销售 50%的 1 龄苗产值为 10 万串×20%×50%×2.5 元/串＝2.5 万元；销售 50%的 2 龄苗产值为 10 万串×20%×50%×90%×5.0 元/串＝4.5 万元。每投放 10 万串总产值为 7.0 万元，亏损 1.0 万元。

（2）分段式养殖　每投放 10 万采苗器，育成率 90%，生产成本为 13 万元，不需二次加工，1 厘米苗价格为 3.5 元/串，5～8 厘米苗价格为 6.0 元/串，销售 50%的 1 龄苗的产值为 10 万串×90%×50%×3.5 元/串＝15.75 万元；销售 50%的 2 龄苗产值为 10 万串×90%×50%×90%×6.0 元/串＝24.3 万元。每投放 10 万苗串总产值为 40.05 万元，利润 27.05 万元。

通过实施香港牡蛎分段式高效绿色养殖模式，牡蛎苗种生产扭亏为盈，由原来的每投放 10 万串苗亏损 1.0 万元变成盈利 27.05 万元，增收效果显著。

四、经验和心得

（1）精准采苗，避免无效投放导致资源浪费。通过采苗预报，可以做到有的放矢，适时采苗，避免因过早投放采苗器，招致藤壶等生物占去附着基或附着基黏附污泥使牡蛎幼虫无法固着。同时，避免因无效投放导致生产浪费，有效减少环境污染，降低环境压力。

（2）牡蛎分段式养殖，利于养殖环境休养生息，且缩短苗种生长周期，绿色高效。尤其对于沉排采苗场，大量采苗器的投放，会减缓水流，易造成泥沙堆积，导致海床升高。而采完苗后移场保苗，每年10月至翌年的6月处于空场状态，有利于场地环境更新。轮养轮换，既绿色环保，又提高了养殖成效。

（3）合作社统一管理，节约成本，提高工作效率。养殖户通过组织养殖合作社，统一购买打桩机、取桩机、运输船及统一设置看护棚等公共设施，避免每家每户重复设置，节约了大量的时间和成本；统一建排、拆排，大大提高了工作效率，同时避免废弃木桩、附着基等无序堆放而造成的海区污染。

（4）牡蛎养殖过程机械化收放技术亟待解决。香港牡蛎移苗转场养殖，极大地提高了苗种成活率和生长率，但是由于香港牡蛎附着基重量大，投放附着基及移苗过程消耗较大的人力物力，目前都是全人工操作，现劳动力紧缺，成为技术应用的瓶颈。因此，亟须改善采苗沉排及浮排的结构，设计机械化收放设施设备，提高转场过程中的机械化水平，降低人员劳动强度。

（5）一般当苗种规格壳高大于1厘米时即可销售。每片含牡蛎苗4～6个即达到养殖需求。销售高峰期在5—7月和9—10月。合作社销售方式为：由合作社理事会根据牡蛎苗储备量，通过网上或电话联系，寻找买家并商议价格，统一定价，买家上门批量收购。

（本节作者：李琼珍）

第五章
牡蛎绿色加工与高值化利用

第一节 净化与绿色加工工艺

目前,牡蛎捕捞后损耗严重,品质和安全指标下降,高值化加工产品偏少,加工利用率低。本节重点介绍高效节能环保的净化、低温保活流通等初加工技术,绿色高效和节能低碳的牡蛎精深加工技术,以及牡蛎保健功能产品加工技术等绿色食品加工技术,生产营养安全、美味健康的各类牡蛎加工产品,推动建立低碳、低耗、循环、高效的牡蛎加工体系,促进牡蛎加工业转型升级发展,形成"资源-加工-产品-资源"的循环发展模式。

一、产地初加工技术

(一)净化技术

牡蛎净化是将滤食性的牡蛎放在一个洁净的水环境中,提供恢复牡蛎滤食活动的生理条件及持续不断的流水使之张壳,达到排出泥沙、石油烃和去除微生物的目的。随着经济的发展,工业化、城市化水平的不断提高,工业废水和生活污水对渔业水域环境污染日益严重,贝类体内重金属、有机污染物、生物毒素的净化工作也已被逐步重视。

1. 净化方法
牡蛎的净化方法主要有自然净水区暂养净化和工厂化暂养净化

2 种方法。

（1）自然净水区暂养净化　将已受污染的牡蛎运至清洁无污染的海区进行暂养，直至其体内的病原微生物数量低于卫生标准，然后重新收获并上市销售。在美国贝类暂养工作已广泛进行，但是劳动强度大、时间长，损耗往往超过初次收获时的50%以上，且在整个净化过程中牡蛎必须自始至终暂养在洁净的海水中，然而贝类从生长区移入暂养区后，存在着污染暂养区水质的可能。目前，这种暂养方法也是消除诸如重金属等化学物质污染的唯一方法。

（2）工厂化暂养净化　工厂化暂养净化处理牡蛎的费用通常要大大高于牡蛎暂养的成本，但能提供可靠稳定的优良水质和可供上市的牡蛎产品。另外，洁净海水中牡蛎的净化能力有可能被洁净系统中的某些化学物质或机械系统所激活。工厂化暂养净化处理牡蛎的关键是要有优质的海水和能够制备大量无菌海水的水处理系统。目前，在商业性贝类净化系统中，海水的杀菌处理常用的方法有紫外线杀菌法、氯（含氯气、二氧化氯和其他氯化物）处理法、臭氧处理法以及臭氧-紫外线杀菌联用法（图5-1）。

图 5-1　牡蛎净化车间及净化池
（引自谭林涛）

<<< 第五章 牡蛎绿色加工与高值化利用

2. 净化生产技术操作规范

我国参照其他国家成熟的贝类净化技术工艺流程，制订了《贝类净化技术规范》（SC/T 3013—2002），其规定的标准贝类包括牡蛎的净化处理工艺，如图 5-2 所示。

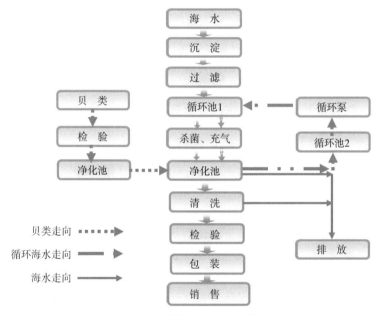

图 5-2 贝类净化生产技术工艺流程

不同品种、产地和季节的贝类，其净化处理工艺参数存在差异，如净化温度、时间和盐度等。下面具体介绍牡蛎净化工艺流程及净化生产操作技术规范。

（1）牡蛎净化生产工艺流程　牡蛎→进厂→吐沙→分级→洗净→金属检测→人工挑选→计量、包装→装箱、加冰→抽检→出厂。

（2）牡蛎净化生产操作技术规范

①净化池的大小。用水泥做成的凹式水泥池，其大小为 7 米×2.5 米×1.2 米。

②净化筐的量及放置。每个净化筐放 10 千克牡蛎，6 个净化筐叠为 1 组，用起吊机械送入和吊出池中。

161

③净化池的水温及水量。水温为 18℃，一般用 25℃海水和 10℃海水配制。在不断充氧的情况下，采用间歇换水和流动换水相结合的方法进行净化。

④净化时间。一般 12 小时以上。

⑤分级。用按厚度分级的机械将净化过的牡蛎分成大、中、小 3 个级别，然后用输送带送至金属检测器。

⑥金属检测器检测。可剔除空壳、仅含泥土的贝壳及石头、金属。

⑦人工挑选。通过 2 条高度差 15 厘米的输送带，一边输送一边人工挑选，去除死贝及不良的贝，或含泥土的贝壳（在输送过程中，如有含泥土的贝壳，大部分会被抖开，可看见泥土，便于去除该类含泥贝）。

⑧计量、包装。根据要求进行选取称量包装。

⑨装箱、加冰。将包装好的牡蛎按照泡沫箱规格装入对应重量的牡蛎，然后在其上面加入适量的冰，加盖后用胶带封箱，放入 5℃的冷却库保藏。

⑩抽检。对产品的重量、规格及含沙量等进行检查。

（二）低温保活流通技术

牡蛎净化后的低温保活流通处理也成为保持贝类品质不可缺少的重要环节。牡蛎低温保活流通技术最关键的是保证牡蛎鲜活和最佳肉质品质。以下为香港牡蛎低温保活流通技术操作规范：

1. 原料

广东阳江产牡蛎（程村蚝），规格为壳长 10～13 厘米，6～8 个/千克。

2. 工艺流程

海水→沉淀→过滤→杀菌→无菌海水

→ ↓ ←臭氧

↓

牡蛎→捕捞→运输→除杂、清洗→净化→清洗→除杂、分级→单体包装→冷链流通→销售（超市）

3. 操作技术要点

(1) 清洗、除杂 在预处理池人工将牡蛎外表的附着物除掉，将死贝及空壳等杂物拣出，然后用洁净的海水对牡蛎进行高压水喷淋冲洗或者采用滚筒式高压水喷淋清洗装置除去牡蛎外表的泥沙和剩余的附着物，并将牡蛎按照个体大小进行分级。

(2) 净化 以 10 千克/筐对原料进行分筐，放入净化池。采用紫外线与臭氧结合法对牡蛎进行净化处理。净化工艺条件：温度 20～30℃、贝水比 1∶(10～20)、循环海水流量 (1.05～2.50) × 10^{-5} 米³/秒；臭氧浓度要适宜，既要满足杀菌率又不能浓度太高影响牡蛎流通过程中的存活率，臭氧浓度一般在 0.08～0.2 毫克/升。净化处理 24 小时后细菌总数和大肠菌群指标符合《海水贝类卫生标准》(GB 2744—1996)，铅、镉、无机砷和汞含量符合国家标准，未检出麻痹性贝毒和腹泻性贝毒。

(3) 包装、低温保活流通 净化、清洗、除杂、分级完成后，将牡蛎进行包装，在牡蛎生态冰温的条件下进行保活流通。牡蛎散装或单个用带孔薄膜包装；最佳低温保活流通温度为 4～5℃，因此要注意牡蛎从净化温度降到低温保活温度采用逐级降温形式，每次降温温差小于 5℃，在每一温度阶段均停留 6 小时。在 5℃ 条件下，带孔的薄膜包装可使牡蛎成活 11 天，成活率保持在 95% 以上，在保活过程中各种营养成分和呈味成分也得到很好的保持 (图 5-3)。

图 5-3 牡蛎低温保活流通产品（程村蚝）

二、精深加工产品开发

目前，大部分牡蛎仍以鲜销为主，精深加工产品不多，主要精深加工产品为调味品类，如蚝油、蚝酱；罐头类产品，如牡蛎烟熏罐头、牡蛎软罐头；近年来食品技术人员新开发了一些牡蛎风味鱼糜制品及牡蛎冷冻调理食品。

（一）调味产品加工技术

1. 酶解法蚝油加工技术

（1）工艺流程

原料预处理→复合酶解→后处理→制作蚝油胚→制作蚝油。

（2）操作技术要点

①原料预处理。牡蛎冲洗干净，取肉，绞肉机绞碎，按料水比1∶2混合原料，将混合原料送入酶解罐，升温至50℃。

②复合酶解。向酶解罐中添加蛋白酶，酶解后升温至95℃，灭酶20分钟。

③后处理。酶解结束后，过滤，得到水解液。

④制作蚝油胚。将蚝汁、精盐、白砂糖、水解液等进行混合，搅拌10分钟，得到蚝油胚。

⑤制作蚝油。向蚝油胚中加入黄原胶和核苷酸二钠（I＋G），加入变性淀粉，充分混匀，冷却水降温后包装，即得成品。

2. 调味酱加工技术

（1）工艺流程

牡蛎→预处理→发酵前处理→发酵灭菌→辅料调配→成品。

（2）操作技术要点

①原料预处理。牡蛎清洗干净取肉，放入常压高温蒸汽笼内，将牡蛎肉蒸熟、灭菌，趁热将蒸后的牡蛎汁及牡蛎肉转移至研磨器中研磨至浆状。

②发酵前处理。冷却后的牡蛎浆，加入以酵母菌为主的复合微

生物菌液，搅拌均匀后半密闭静置缺氧发酵。

③发酵灭菌。37℃条件下静置缺氧发酵 5～20 天，20 目筛网过滤，将滤液经高压均质后装瓶，即得调味品基料。

④辅料调配。发酵完成后，添加淀粉、卡拉胶、香菇等辅料进行调配。

⑤灌装成品。灌装灭菌成品。

（二）罐头产品加工技术

1. 烟熏牡蛎罐头加工技术

（1）工艺流程

牡蛎→预处理→超高压处理→清洗→浸泡处理→清洗除盐→烟熏加工→装罐→加汤料→加发酵菌→排气、封口→洗罐、杀菌→冷却→检测、成品。

（2）操作技术要点

①原料预处理。采用蒸汽喷射的方法开壳，得到牡蛎肉。

②超高压处理。将牡蛎肉置于浓度为 2%～3% 的盐水中，在压力 400～600 兆帕下，将温度控制在 20～30℃，作用 10～30分钟。

③烟熏加工。清洗除盐后的牡蛎肉送入烟熏室，采用固体熏材发烟的方法进行熏制，制得烟熏牡蛎肉。

④装罐。烟熏牡蛎肉按预设重量装入空消的罐头容器中。

⑤加乳酸链球菌素。加入汤料后的罐头容器内加入乳酸链球菌素，其用量为烟熏牡蛎肉重量的 1%～3%。

⑥排气、封口。将装填有烟熏牡蛎肉、汤料和乳酸链球菌素的罐头容器放入排气箱，加热至罐内中心温度为 75℃ 以上，排气得烟熏牡蛎罐头半成品，杀菌。

⑦检测、成品。杀菌后的罐头进行反压冷却后通过金属探测器进行金属检测，检测合格，即得烟熏牡蛎罐头成品（图5-4）。

图 5-4　烟熏牡蛎罐头
（引自谭林涛）

2. 即食罐头加工技术

（1）工艺流程

牡蛎→预处理→煮制香料水→配制汤汁→煮制牡蛎→封藏装罐→杀菌→成品。

（2）操作技术要点

①原料预处理。用清水清洗牡蛎干，去除牡蛎裙边残留的壳渣及异物，待用。

②煮制香料水。将砂姜粉、甘草、茴香、草果、八角、白胡椒和薄荷加入水中，先大火煮沸后转小火熬煮 60 分钟，然后用过滤布过滤掉废渣制得香料水。

③配制汤汁。将水、糖、酱油、芝麻油、葱粉、蒜粉、姜粉、黄原胶、红曲米和香料水混合并搅拌均匀。

④煮制牡蛎。向锅里加入花生油并加热，待油温达到160℃时倒入牡蛎干翻炒 60 秒，牡蛎变黄后倒入上述配制好的汤汁，煮沸后继续大火煮 8 分钟，然后转小火微沸煮 10 分钟。

⑤封藏装罐。将热的牡蛎和汤汁立即封藏装罐。

（三）风味鱼糜制品加工技术

1. 工艺流程

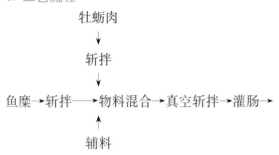

```
                    牡蛎肉
                      ↓
                    斩拌
                      ↓
鱼糜→斩拌──→物料混合→真空斩拌→灌肠→
                      ↑
                    辅料
```

一次成型加热→二次成型加热→包装→杀菌→成品

2. 操作技术要点

（1）原料处理　新鲜的牡蛎用清水洗净，取肉漂洗，切碎后加入绞肉机中做成肉糜。

（2）鱼糜斩拌　鱼糜用绞肉机绞碎后，置于斩拌机中空擂2分钟，加盐擂溃溶出鱼胶，直至鱼糜发亮发白。

（3）物料混合　根据配方在斩拌好的鱼糜里加入淀粉、卡拉胶等辅料调和混匀，待所有的粉料混合完全后，加入牡蛎肉糜继续斩拌，直至混合物均匀调和。

（4）真空斩拌　在真空斩拌机内将物料进行真空斩拌后，抽气。

（5）成型加热　使用灌肠机进行灌肠，结扎后，采用两段加热的方式加热牡蛎风味香肠，冰水冷却，成品真空入袋包装。

（6）杀菌　将包装成品采用100℃热水灭菌30分钟，冷却得到成品（图5-5）。

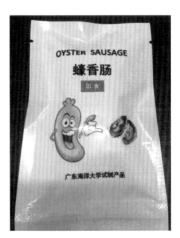

图 5-5　牡蛎风味香肠

（四）冷冻调理产品加工技术

油炸面包蚝加工技术：

1. 工艺流程

牡蛎→预处理→腌制→冷冻成型 } 裹浆→裹粉→
配浆

油炸→包装→冷冻储存→成品

2. 操作技术要点

（1）预处理　将牡蛎清洗干净，开壳取肉。

（2）冷冻成型　将腌制后的牡蛎肉滤干，放于冷库中单体冷冻成型。

（3）配浆　将小麦淀粉、木薯淀粉和清水搅拌混合，再加入沙拉酱、芝麻粉等搅拌混合配成初级裹浆，最后把初级裹浆倒入离心混浆机中，加入丁香、碳酸氢钠和山药浆后离心混合制得稀糊状裹浆。

（4）裹浆　将前述冻干牡蛎肉投入稀糊状裹浆中，浸渍。

（5）裹粉　把浸渍后的裹浆牡蛎覆面包糠，再在面包糠表面涂刷蛋清，涂刷完成后放置冷冻箱速冻 10～15 分钟得到速冻牡蛎。

（6）油炸　油炸温度140～160℃，油炸完成后沥油得到油炸面包蚝。

（7）冷冻储存　将油炸面包蚝在温度为 8～10℃，相对湿度为 10%～15% 的环境下冷却，真空套袋包装机包装，冷冻储存（图 5-6）。

图 5-6　油炸面包蚝

三、保健品研发

（一）牡蛎主要保健功能

牡蛎含有丰富的糖原、蛋白质、氨基酸等多种营养物质，具有很高的食用和药用价值。在我国，牡蛎（包括牡蛎壳）是药食两用材料。大量研究表明，牡蛎具有抗疲劳、提高免疫力、抗氧化等多种功效。通过生物酶解技术将牡蛎中的营养活性成分提取出来，开发具有各种保健功能产品具有非常广阔的市场应用前景。

（二）牡蛎肽保健功能产品开发技术

1. 牡蛎肽抗疲劳、提高免疫力功能产品加工技术
（1）工艺流程

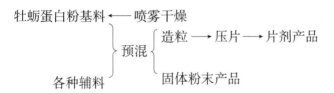

（2）操作技术要点

①原料处理。按照 1∶3 料液比将牡蛎肉与蒸馏水混匀，匀浆，转移至酶解罐。

②酶解。向酶解罐中加入动物水解蛋白酶（根据功能活性进行酶的筛选），在酶最佳作用温度条件下酶解 4 小时后，升高温度至 95℃灭酶 20 分钟，冷却至室温，离心收集上清液。

③液体产品。以酶解上清液为基准，添加卡拉胶、环糊精、果糖等辅料进行调配制备液态产品（图 5-7A）。

④固态粉末产品。将酶解液进行喷雾干燥获得牡蛎蛋白粉基

料，然后与果粉、卡拉胶、环糊精、刺五加、乙酸乙酯等辅料进行调配获得固体粉末产品（图 5-7B）。

⑤片剂产品。以牡蛎蛋白粉为基料，然后与果粉、卡拉胶、淀粉、刺五加、羧甲基纤维素等辅料进行混合造粒、压片获得片剂产品（图 5-7C）。

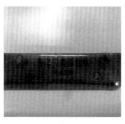

A   B   C

图 5-7 牡蛎保健功能产品

A. 液体营养保健功能产品   B. 固体粉末保健功能产品   C. 片剂保健功能产品

2. 牡蛎壳保健功能产品开发技术

（1）工艺流程

牡蛎壳→清洗→干燥→破碎→超微粉碎
各种辅料 } 预混

挤压膨化→过筛→混合→制粒→干燥→压片
调配→高压匀质→功能饮品

（2）操作技术要点

①原料预处理。将牡蛎壳清洗干净，采用 50％食用白醋浸泡 1～3 小时。

②干燥，破碎。取洗净的牡蛎壳用烘箱烘干（温度为 60～70℃，烘干干燥时间为 1～2 小时）后，破碎成不规则小块（最长径≤22 毫米）。

③超微粉碎。将破碎后的牡蛎壳进行超微粉碎，要求粉碎后粒度达到 300～1 000 目。

④预混。采用三维运动混合机将超微粉碎后的牡蛎壳粉与调味剂充分混合。

⑤片剂制品。将预混料进行挤压膨化后，过筛，添加辅料，混合制粒，干燥，杀菌，压片（图 5-8A）。

⑥功能饮品。将预混料进行调配后采用高压均质机进行均质，灌装成品（图 5-8B）。

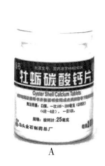

A   B

图 5-8　牡蛎壳保健功能产品
A. 牡蛎壳片剂保健功能产品　B. 牡蛎壳液态胶囊保健功能产品

（本节作者：秦小明、章超桦、曹文红、郑惠娜）

第二节　食用安全

我国在古代就有生吃海鲜的传统，至今生食牡蛎仍是苏、浙、闽、粤等沿海地区的一道风味菜肴。但近年来因环境污染等致生食海鲜中毒事件多有报道。牡蛎能否生吃及如何生吃是当前产业需要解决的问题。

一、影响生食的环境因素

牡蛎生吃别有一番滋味。在欧美等西方国家许多牡蛎已经形成了自己独特的品牌，尤其以法国生食牡蛎最为有名。但不适当地生食牡蛎也可能会有安全隐患。牡蛎大多生活在河口附近海域，营固着滤食性生活。当受到工业废水、生活污水、重金属等污染时，将外源性有害物质在体内大量积累，导致生食中毒现象。环境中影响牡蛎生吃的风险因素主要有微生物致病菌污染、食源性病毒污染、重金属污染及贝毒素污染。

1. 微生物致病菌污染

牡蛎易富集海洋致病微生物，其中弧菌是近海河口最主要的微生物，也是牡蛎主要致病菌。其体内检测出的菌群中有80％左右属于弧菌属。其中，副溶血弧菌、霍乱弧菌、创伤弧菌和溶藻弧菌主要对人类有致病性，导致严重的腹泻等消化道疾病或创伤感染病变，也是海产品卫生检疫的主要指标（赵广英等，2008）。另外，还有河川弧菌和嗜水气单胞菌等至少10种病原菌引起人类腹泻的报道。其中，副溶血弧菌报道较多，其能产生耐热性溶血素及内毒素，从而引发剧烈的腹痛、呕吐、腹泻等症状，引起心跳停搏等心脏毒性反应。牡蛎在生长、运输和销售过程中都可能受到细菌污染，导致菌群暴发，尤其夏、秋两季是微生物暴发的高峰期。此外，弧菌抗逆能力较强，低温条件下仍会进入活的非可培养的状态，细胞毒力依然存在。所以，冷冻牡蛎也不能去除弧菌的毒性。但大部分弧菌不耐热，高温即可破坏其活性。例如，典型的副溶血弧菌，56℃加热5分钟，或90℃加热1分钟即可将其杀灭。所以相较于生食，高温加热食用可以有效减少牡蛎体内弧菌含量，降低发病率。

2. 食源性病毒污染

海洋生物中食源性病毒主要包括诺如病毒、轮状病毒、星状病毒和甲型肝炎病毒等。近年来，牡蛎中发现的病毒主要是诺如病毒和甲型肝炎病毒，尤其是在欧洲和美国，因食用牡蛎引起疾病的原因大多数是这两种病毒。诺如病毒有引发肠炎的风险，感染潜伏期为1～2天，症状包括恶心、呕吐、腹痛、腹泻，伴有发热、头痛等（孔翔羽等，2015）。上述2种病毒，虽然在牡蛎中极易富集，但是它们在加热的条件下，极易失去活性。例如，诺如病毒在超过

80℃高温环境 30 秒便会失活，所以加热食用可以有效地降低病毒感染的风险。

3. 重金属污染

牡蛎是重金属蓄积能力很强的生物。我国局部海域也有发现重金属在牡蛎体内超标的现象（图 5-9）。关于重金属超标给人类造成危害的研究有很多，但生食和加热食用均不会改变重金属的含量，仅会导致其形态发生一定的变化。重金属主要集中在牡蛎的消化腺、生殖系统中，所以少吃这些部位，可以有效地减少重金属摄入过多的风险。

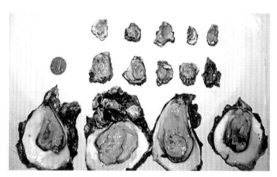

图 5-9　重金属污染的牡蛎
注：第 1、第 2 排为未受污染牡蛎；第 3 排为受污染牡蛎
（引自 Wang et al.，2011）

4. 贝毒素污染

贝毒素并不是贝类分泌产生的毒素，而是受污染富营养化的海水中的一些藻类累积在贝类体内产生的。贝毒主要有麻痹性贝毒素和腹泻性贝毒素。麻痹性贝毒素会导致人出现四肢肌肉麻痹、头痛恶心、发热和皮疹等症状，仅 0.5 毫克就会导致人死亡。腹泻性贝毒素的主要中毒症状为腹泻和呕吐。贝毒素超标的牡蛎不能生食，熟食也有一定风险。贝毒素极耐高温，普通的烹饪方式几乎无法将其降解。贝毒素的浓度也有一定的组织器官特异性，如积累的麻痹性贝毒素含量由高至低依次为消化腺、鳃、性腺和闭壳肌（李爱峰等，2008）。因此，在国外牡蛎上市前都需要进行净化处理。

二、牡蛎的食用标准

随着人们对食品安全的日益关注，相关部门制定了食品标准以规范牡蛎的养殖和食用，确保食品安全。这些标准包括《无公害食品　牡蛎》（NY 5154—2008）、《无公害食品　水产品有毒有害物质限量》（NY 5073—2006）、《农产品安全质量　无公害水产品安全要求》（GB 18406.4—2001）、《鲜、冻动物性水产品卫生标准》（GB 2733—2005）和《食品安全国家标准　食品中污染物限量》（GB 2762—2017）。相关国家、行业标准中对牡蛎重金属、贝毒素和有害微生物等残留的限量值见表 5-1 至表 5-3。

表 5-1　国家、行业标准中牡蛎重金属残留
限量值的规定（毫克/千克）

标准名称	标准号	铅	铜	镉	铬	镍	总汞	甲基汞	无机砷
农产品安全质量　无公害水产品安全要求	GB 18406.4—2001	≤0.5	≤50	≤0.1	≤2.0	—	≤0.3	≤0.2	≤1.0（按 GB 4810 执行）
鲜、冻动物性水产品卫生标准	GB 2733—2005	—	—	—	—	—	≤0.5	—	≤0.5
无公害食品　水产品有毒有害物质限量	NY 5073—2006	≤1.0	≤50	≤1.0	—	—	≤0.5/1.0	—	≤0.5
无公害食品　牡蛎	NY 5154—2008	≤1.0	—	≤4.0	—	—	≤0.5	—	—
食品安全国家标准　食品中污染物限量	GB 2762—2017	≤1.5	—	≤2.0	≤2.0	≤2.0	—	≤0.5/1.0	≤0.5

表 5-2　国家、行业标准中牡蛎贝毒素残留限量值的规定

标准名称	标准号	麻痹性贝毒素	腹泻性贝毒素
农产品安全质量　无公害水产品安全要求	GB 18406.4—2001	≤80 微克/100 克	≤60 微克/100 克

(续)

标准名称	标准号	麻痹性贝毒素	腹泻性贝毒素
鲜、冻动物性水产品卫生标准	GB 2733—2005	—	—
无公害食品 水产品中有毒有害物质限量	NY 5073—2006	≤400 兆国际单位/100 克	不得检出
无公害食品 牡蛎	NY 5154—2008	≤400 兆国际单位/100 克	不得检出
食品安全国家标准 食品中污染物限量	GB 2762—2017		

表5-3 国家、行业标准中牡蛎有害微生物限量值的规定

标准名称	标准号	菌落总数	沙门菌	副溶血弧菌	李斯特菌	腹泻大肠埃希菌
农产品安全质量 无公害水产品安全要求	GB 18406.4—2001	<10^6个/克	不得检出	不得检出	不得检出	≤30 个/克
鲜、冻动物性水产品卫生标准	GB 2733—2005	—	—	—	—	—
无公害食品 水产品中有毒有害物质限量	NY 5073—2006	—	—	—	—	—
无公害食品 牡蛎	NY 5154—2008	—	不得检出	—	—	不得检出
食品安全国家标准 食品中污染物限量	GB 2762—2017	—	—	—	—	—

目前，这些标准中，应首先以国家标准为准则，即遵循国家-行业-地方-企业的等级标准。虽然标准的制定进一步规范了牡蛎食用的安全性，但是也存在一定问题。如我国在制定食品标准时，主要参考 FAO 和 WHO 的毒理学基础研究资料和发达国家的标准。而在我国这些标准由卫生部、农业农村部、国家市场监

督管理总局、国家食品药品监督管理总局等相关国家部门分别制定。因不同部门各自研究的侧重点存在差异，对同一有害物质制定的限量标准难免出现不一致的现象。如对镉的限量标准，NY 5154—2008 规定镉的限量标准为≤4.0 毫克/千克，NY 5073—2006 则为≤1.0 毫克/千克；而 GB 18406.4—2001 规定镉≤0.1 毫克/千克，GB 2762—2017 规定镉≤2.0 毫克/千克。两个国家标准相差 20 倍，两个行业标准相差 4 倍，国家标准和行业标准最大相差 40 倍。而欧盟标准为≤1.0 毫克/千克，美国为≤4.0 毫克/千克，国际食品法典委员会（CAC）为≤2.0 毫克/千克。这些不一致的标准给食品的安全监测带来了不便。所以，今后在制定、完善相关标准时，需要各部门协调统一，并与国际接轨，使牡蛎有毒有害物质限量标准更科学、更合理，并具有可操作性（郭一祺，2015）。

三、减少生食风险的措施

虽然牡蛎生食可能存在各种风险，但在水质标准为一级的海域养殖的、来源可靠的牡蛎，在原产地还是可以生食的。例如，生食牡蛎历史悠久的法国，很少有因生食而发生风险的报道。生食过程中应该注意以下几个方面：

1. 控制合理的食用量

生食水产品均有致病风险，为降低风险，食用时应降低食用频率、减少食用量，控制平均食用频率为 2.4 次/月以下，平均食用量为 49.06 克/餐以下。如法国的一些大型海鲜餐馆，明确规定平均每天消耗的牡蛎量不超过 300 千克。

2. 选择洁净海域的活体牡蛎生食，且要根据自身体质食用

生食的牡蛎一定要选择生长于洁净海水中的产品，水质要达到国内一类海水水质标准，且要保证牡蛎是新鲜的、活的。此外，急慢性皮肤病患者忌食；脾胃虚寒、慢性腹泻者不宜多吃。少数过敏体质的人吃牡蛎后，会发生腹泻，也不宜吃此物。但是若改变烹饪方式，如搭配海带等，煮成蛎肉海带丝汤，则会滋养补虚，改善小儿体虚、心烦不眠等症。

3. 牡蛎在冷藏和运输过程中保持低温、洁净

餐馆所需的牡蛎应提前1天向批发市场订货，当天送到餐厅使用，且运输牡蛎要使用洁净的冷藏车，运输时间要尽量缩短。此外，牡蛎一般在4～5℃恒温冷藏，温度高会滋生细菌，导致牡蛎肉腐烂，温度低会冻死牡蛎。冷冻的牡蛎最多在冰柜中保存6天，且不能随意翻动及与其他食品混杂搁放。

4. 食用炭烤牡蛎也需谨慎

以白灼、炭烤的方式食用牡蛎并不能完全消除风险。如果炭烤牡蛎受热面仅集中在牡蛎壳底部，不能把蚝肉彻底煮熟煮透，有可能会导致不能完全杀灭细菌。若在清洗制作过程中不注意卫生，也会引起大肠杆菌、霍乱弧菌等细菌的滋生。

综上所述，生食牡蛎还是具有一定风险的。一般建议采用高温蒸煮的方法食用牡蛎。如果生食牡蛎，则要选择来源可靠、洁净海域养殖且经过各项质量检测合格的品牌牡蛎。

（本节作者：孟杰、张国范）

第三节　绿色加工装备

牡蛎产品可分为生鲜产品与加工制成品。生鲜品通过对牡蛎清洗、净化与分级后，直接进行销售；加工制成品则需先对牡蛎脱壳取肉，再通过冷冻、干燥或即食化处理，加工为冻牡蛎肉、蚝干与其他牡蛎制品等。牡蛎产品加工可选用通用型食品加工设备，主要包括清洗设备、分级设备、净化暂养设备、开壳取肉设备、灭菌减菌设备、低温速冻设备、绿色干燥设备、裹粉油炸设备。

一、清洗设备

牡蛎壳体表面粗糙，且在养殖过程中壳表面会附着大量寄生生物，单一清洗方式很难将壳体洗净，目前清洗牡蛎采用的是旋转滚筒与高压水喷淋共同作用的清洁方式。

牡蛎清洗设备（图 5-10）由旋转清洗滚筒、高压水泵、喷淋管路与机架等组成。从设备结构上来说，清洗机以旋转滚筒为主体，其转动可以使筒内的牡蛎自身翻滚、互相摩擦并与筒壁发生摩擦作用，从而使表面污物剥离。同时，高压水对壳体进行喷射，配合去除顽固附着物，加强清洁效果。

图 5-10　牡蛎清洗设备

随着绿色加工与可持续发展理念的推进，清洗设备耗水量问题受到关注。通过对清洗设备增设水收集与处理系统，一方面可对清洗后水体进行统一回收与过滤净化，实现清洁水体的循环使用；另一方面配合牡蛎采收作业，在海上对收获牡蛎进行即时清洗的设备也得到应用。自动进出料的连续式清洗设备也是一大发展方向，它可通过倾斜安装滚筒，或在筒体内壁设置螺旋导板或抄板的方式引导牡蛎运动。

二、分级设备

牡蛎由于壳体呈扁平，且外形生长具有不规则性，无法通过外形尺寸进行快速分级，因此多采用称重式重量分级机进行分级作业。

牡蛎分级设备（彩图 29）由接料槽、料盘、固定秤、输送辊子链等组成，托盘上装有分级砝码。当移动秤在非称重位置上时，物料重量靠小轨道支持，使移动秤杆保持水平。当移动秤到达固定秤处进行称重即与小轨道脱离时，移动秤的杠杆与固定秤的分离针相接触，物料和砝码分别位于移动秤杠杆的两端，通过比较，若物料重量大于砝码设定值，则分离针被抬起，料盘随杠杆转动而翻转，物料被排放到接料槽；如果物料重量小于设定值，则移动秤继续前移，经过分离针，进入控制滑道，移向下一个计量点。如此牡蛎就被由重到轻分成若干等级。

目前牡蛎重量分级机都采用人工进料的方式，即工人手动将牡蛎逐个放在接料槽中。随着自动排序与整理设备逐渐应用，今后牡蛎分级设备将实现全自动分级作业。

三、净化暂养设备

由于牡蛎是滤食性动物，体内会积累生长海域的细菌、病毒和其他污染物，销售前采取适当处理会减少或消除来自上述污染物的风险。通常采用的方法是净化暂养，将牡蛎置于洁净海水中，最大限度地使其保持自然排出肠腺内容物的滤食活动，将排出的污染物与牡蛎及时分离以防止其再污染，在保证牡蛎活度和鲜度的同时进行净化（图 5-11）。

净化暂养设备由暂养池、海水取水系统、水温调节系统、水循环和水处理系统、充氧系统等组成。将完成分选并洗净壳体的牡蛎放入净化池后，将净化处理后的冷却海水注入净化池，池内水位高度保持没过筐体顶部，设置水体循环量 4～6 次/天，池水溶解氧量>3.7 毫克/升（推荐溶解氧量值 4 毫克/升）。净化初期，对池内进行连续曝气，促使牡蛎排出泥沙，并及时清洁净化池；中后期以池外曝气为主、池内短时间间歇曝气为辅的方式。连续净化24～48 小时，至达到净化标准为止。

随着消费者对食品安全卫生问题的日益关注，生鲜牡蛎的净化暂养将更加标准化与规范化，传统小规模的简易净化池将被牡蛎标准净化工厂取代。

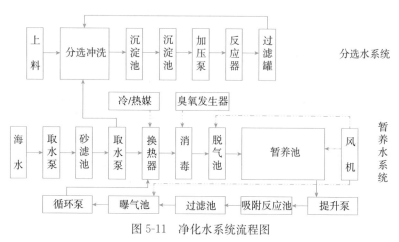

图 5-11　净化水系统流程图

四、开壳取肉设备

牡蛎加工，开壳是首要问题。目前，最常用的开壳方法是蒸煮开壳。蒸煮开壳设备（图 5-12）的优点是操作较简单、成本低廉、处理量较大；缺点是贝肉经蒸煮后，蛋白质已经变性，有些活性物质被破坏，不利于后续加工。

图 5-12　蒸煮开壳设备

微波开壳设备类似于微波干燥和微波杀菌设备，主要是利用微波加热的原理使牡蛎迅速升温，破坏闭壳肌完成开壳。优点是处理速度非常快，2～3分钟即可完成开壳，操作方便，节省能源；缺点与蒸煮开壳一样，会导致蛋白质变性，一些活性物质被破坏。

蒸煮开壳和微波开壳都属于熟化后开壳。近年来，超高压技术应用到了牡蛎取肉生产中，可实现生鲜开壳（图5-13）。

图5-13　超高压牡蛎开壳设备

超高压技术可以解决牡蛎脱壳和牡蛎灭菌两大难题。超高压可以使牡蛎的闭合肌从壳上脱离，这是因为当牡蛎处于高压下，压力的作用能松弛肌肉纤维和壳体组织，打破肉和贝壳之间蛋白质的束缚，在不借助去壳刀等工具的情况下而使牡蛎自然脱壳，去壳率可达到100%，而且对牡蛎的外观影响不大。

五、灭菌减菌设备

目前，牡蛎的杀菌处理主要通过臭氧发生器产生臭氧进行。臭氧可对细菌进行迅速灭活，并能有效抑制常见致病菌，且对牡蛎感官特征无显著影响。

高压放电式臭氧发生器（图5-14）利用一定频率的高压电流

制造高压电晕电场，使电场内或电场周围的氧分子发生电化学反应，从而产生臭氧。此种臭氧发生器具有技术成熟、工作稳定、使用寿命长、臭氧产量大等优点，是使用最为广泛的臭氧发生器。

六、低温速冻设备

作为牡蛎储存以及初加工产品流通前的预处理，冻结处理是一种重要的加工方法。所

图 5-14　高压放电式臭氧发生器

用的冻结设备、冷却介质和冻结方法对于牡蛎的保质期有很大影响。牡蛎速冻设备有多种类型可供选用。

1. 隧道式冻结机

隧道式冻结机（图 5-15）主要由蒸发器、风机、输送装置和隔热层等构成。以冷空气为介质冻结牡蛎，冻结速度较快。将牡蛎肉置于输送装置上，在其通过狭长隧道式冻结机时发生冻结。

图 5-15　隧道式冻结机

2. 卧式平板冻结机

卧式平板冻结机（图 5-16）是以一系列与制冷剂管道相连的空心平板作为蒸发器，进行间接接触换热的冻结装置，主要由数块或 10 多块冻结平板、制冷系统和液压装置组成。冻结时，将牡蛎装盘排列在各平板之间进行冻结。

图 5-16　卧式平板冻结机

3. 螺旋式冻结机

螺旋式冻结机（图 5-17）是一种单体冻结的设备，主要由转筒、蒸发器、风机、螺旋形输送带及附属设备等组成。其主体部分是一个转筒，运行时借助摩擦及驱动力，使不锈钢扣环组成的

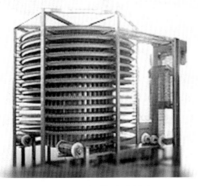

图 5-17　螺旋式冻结机

183

输送带随着转筒一起运动。被冻结的牡蛎可直接或装盘放置在输送带上，进入冻结区后自下而上盘旋，冷风则由上向下吹，与牡蛎逆向对流换热，牡蛎在输送过程中被逐渐冻结，从出料口排出。

七、绿色干燥设备

牡蛎干是一种经济价值极高的牡蛎产品，加工历史悠久。牡蛎肉干制的方式从传统晒制，到采用干燥设备，如热风干燥箱、隧道式干燥机、冷冻干燥机等。

1. 热风干燥箱

热风干燥箱（图 5-18）通过热空气或热蒸汽使牡蛎肉升温脱水，并将牡蛎脱除的水分通过风机带出干燥室。

图 5-18 热风干燥箱

2. 隧道式干燥机

隧道式干燥机（图 5-19）通过输送装置将牡蛎传输进入预设好的温度、湿度和速度的气流下的隧道中进行干燥。

3. 冷冻干燥机

冷冻干燥机（图 5-20）将牡蛎冻结后在真空条件下进行脱水作业，使牡蛎中的水分直接升华，实现干燥脱水。

随着绿色节能理念深入人心，高能耗干燥设备的工作模式从单

图 5-19　隧道式干燥机

图 5-20　冷冻干燥机

一方式向高效节能的组合模式转变，如带热泵余热回收的干燥设备、微波-流态组合式干燥设备等。

八、裹粉油炸设备

油炸牡蛎制品是近年兴起的一种新型方便食品。通过对去壳取肉后的牡蛎进行上浆与裹面包屑，再进行高温油炸，冷却后速冻包

185

装制成。

裹粉油炸设备包括上浆机、裹粉机与连续式油炸机，一般前后衔接，配套使用。

1. 上浆机

上浆机（图 5-21）又称瀑布式淋浆机，由输送网带机构、循环补浆泵、浆罐与浆浴槽等组成。工作时，牡蛎肉排列于输送网带上，通过循环补浆泵形成的浆幕和输送带底部的面糊浴槽，将浆液均匀涂在牡蛎肉外部，形成一层浆层。

图 5-21　上浆机

2. 裹粉机

裹粉机（图 5-22）由输送网带机构、粉料槽、粉料斗、压辊、风淋机等组成。该设备一般与上浆机配套使用。上浆后的牡蛎肉通过输送网带送入裹粉机，落入覆盖着粉料的传输带上，下部与边侧

图 5-22　裹粉机

被粉料黏覆。同时，输送带上方的分料斗撒下粉料将牡蛎上部覆盖，完成裹粉的牡蛎制品通过压辊压紧表面粉层，利用风淋机的风幕将多余粉料吹除。

3. 连续式油炸机

连续式油炸机（图 5-23）由上下双层输送网链、油炸槽与加热系统组成。工作时，加热系统根据油炸工艺将槽内油脂加热到指定温度，将上浆裹粉后的牡蛎肉排列在下层网链上，通过上层网链夹持，进入油炸槽炸制，炸制时间通过下层网链运行速度控制。

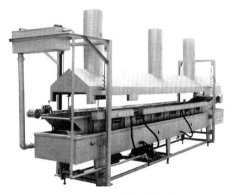

图 5-23　连续式油炸机

（本节作者：沈建、郑晓伟、欧阳杰）

第四节　高值化利用

牡蛎壳占牡蛎总重量的 60% 以上。目前，绝大部分牡蛎壳被作为废弃物直接舍弃，带来严重的环境污染等负面问题。牡蛎壳是由有机质通过生物矿化调节作用形成的具有高度有序的多重微层结构，含有 90% 以上的碳酸钙和少量的蛋白质、多糖等有机成分，以及镁、锌、铁、铜、硫、磷、锰、锶等20多种微量元素。

牡蛎壳在土壤改良、食品保鲜、水质净化、生物医药、复合材料等领域有广泛应用，相关产品及用途主要有：土壤调理剂；牡蛎钙保健食品、补钙产品；家禽饲料添加剂；吸附介质，用于养殖水的过滤、水果蔬菜清洗剂（吸附残留农药）等；牡蛎采苗器；其他，如建筑材料、人工鱼礁、贝壳工艺品等。牡蛎壳作为土壤调理剂有非常广阔的应用前景，可达到修复土壤酸化、板结现象和改善农作物品质的效果。

一、壳的结构成分

牡蛎壳是以少量有机质大分子为框架，以碳酸钙为单位进行自组装，通过生物矿化调节形成的高度有序的多重微层结构。牡蛎壳主要由3层结构组成：最外层为角质层或皮层，对外界刺激性化学物质的腐蚀有较强的抵抗力；中间为棱柱层，是牡蛎壳的主要组成部分，由多角形棱状结晶的石灰质沉淀构成，具有丰富的纳米级别的多孔结构；内层为珍珠层，主要由方解石构成（图5-24）。

图5-24　废弃的牡蛎壳

二、壳的高值化利用

牡蛎壳具有很高的利用价值，国内外学者对其高效利用进行了大量研究，开发了一系列产品，主要产品如下。

1. 土壤调理剂

牡蛎壳经自然晾晒、除杂、高温煅烧、粉碎、包装等过程后即成为牡蛎壳土壤调理剂产品。牡蛎壳经高温煅烧后，主要成分碳酸钙部分变为氧化钙。经测试，牡蛎土壤调理剂产品的钙含量≥45%，pH 为 8.5～10.5，并含镁、锌、铁、铜、硫、磷、锰、锶等微量元素。高温煅烧后，牡蛎壳的外壳微孔结构明显增多，孔径大小介于 2～10 微米，增加了比表面积。这种孔隙结构提高了牡蛎壳的吸附性能，作为土壤调理剂不仅可降低土壤酸度、促进土壤团粒结构的形成、增强土壤透气性、提高土壤保水保肥能力、减轻重金属对农作物的危害，还能提高农作物产量，达到改善农作物品质的综合效果（图 5-25、彩图 30）。

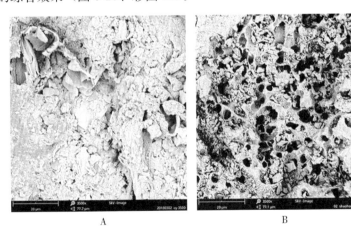

图 5-25　高温煅烧前后牡蛎壳外壳的扫描电子显微镜图
（放大倍数 3 500×）
A. 未煅烧的牡蛎壳　B. 高温煅烧后的牡蛎壳

2. 补钙产品

据《中国药典》记载，牡蛎壳是一种传统的中药材，具有重镇安神、潜阳补阴、软坚散结等功效。牡蛎壳中富含的钙元素是人体必需的矿物质，与人的骨骼生长及骨密度保持、肌肉运动等密切相关。从牡蛎壳中提取的活性离子钙具有防治佝偻病、防治糖尿病、治疗慢性肾功能不全导致的骨质疏松和防治皮肤过敏性炎症的作用。研究发现，给大鼠灌服牡蛎壳活性离子钙，可显著提高其骨密度，防止骨质疏松。另外还发现，大鼠对牡蛎壳活性离子钙的吸收率高于普通碳酸钙。牡蛎补钙产品可有效预防小儿佝偻病和龋齿、孕妇骨质软化症、妊娠高血压疾病及老年人的骨质疏松症。牡蛎活性离子钙还含有镁和磷等元素，可加速人体对钙的吸收，其生物利用度高，是理想的补钙产品（图5-26）。

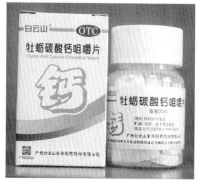

图 5-26　国内市售的牡蛎补钙产品

3. 家禽饲料添加剂

牡蛎壳干燥、粉碎后制成的饲料健康安全，可促进家禽的生长、提高蛋的品质，是一种经济环保的饲料添加剂。家禽产蛋需要大量的钙来形成蛋壳，饲料中缺钙会产薄壳蛋或软壳蛋。以产蛋鸡为例，每只蛋鸡每天钙的采食量至少为3克，仅摄食含钙量较低的普通饲料，不足以满足机体对钙的需要。牡蛎壳中含有大量钙以及畜禽体内所必需的微量元素，珍珠层中还含有少量粗蛋白质、牛磺酸等营养成分，粉碎后可作为良好的家禽饲料添加剂。牡蛎壳家禽饲料添加剂不但能促进家禽骨骼生长，而且还能增强其抗病和消化能力，提高家禽肉、蛋产量并改善其质量。例如，在蛋禽饲料中添加牡蛎壳粉，可以大大减少家禽因缺钙而出现的产软蛋、小蛋、破蛋等问题，可每天单独投喂，也可与其他饲料混合搅拌后投喂。投喂量参考如下：幼禽每天添加 1％ 左右，成年产蛋家禽每天添加 3％，如出现缺钙现象可增加至 5％。

4. 吸附介质

牡蛎壳自身具有复杂的多孔结构，通过热改性处理后，能够使其获得不同的功能性质，具有较强的吸附能力，可以很好地吸附有害成分，如重金属离子、农药残留物等，还具有一定的保鲜、杀菌、防腐作用。

（1）果蔬清洗剂　牡蛎壳果蔬清洗剂以天然牡蛎壳为原料，经高温煅烧、粉碎后制得。其溶于水后具有弱碱性，会与农残成分发生反应，吸附果蔬中的有害物质。同时，可杀灭部分细菌并有效抑制其繁殖，从而达到除菌及延长食物存放时间的效果；还具有清除表面蜡质，吸附清除水中杂质的作用。牡蛎壳果蔬清洗剂不添加防腐剂、着色剂等化学物质，且无臭无味无氯，安全放心，用其清洗果蔬后的清洗水不会对水质及土壤造成污染。使用时，将牡蛎壳果蔬清洗剂与水按 1∶（500～1 000）比例配制成清洗用水溶液后，将水果或蔬菜置于其中，浸泡 10 分钟即可有效去除表面残留有害物质并防止氧化，保持水果及蔬菜的新鲜度（图 5-27）。

图 5-27　日本市售的牡蛎壳果蔬清洗剂

（2）水质过滤 将高温煅烧的牡蛎壳粉用于水质过滤，具有原料来源稳定、成本低、效率高等优点。一方面，牡蛎壳内部具有数目众多的互相连通的孔道，经高温煅烧后可产生大量的孔隙结构，比表面积大大增加，使其具有较强的吸附能力、交换能力和催化分解能力，能作为良好的吸附剂吸附污水中的污染物；另一方面，牡蛎壳粉溶于水后呈碱性，对酸性水质具有一定的中和能力，还能与水中的某些污染物发生化学反应，产生络合物或沉淀，达到净化水质的目的。研究发现，牡蛎壳粉对水质中磷的去除率高达 99.7%，对铜、铅、镉和铬等 4 种重金属离子的去除率分别为 85.0%、78.6%、52.0% 和 41.4%。同时，还可以降低水质中的生化需氧量（BOD 值）和总氮。

5. 采苗器

牡蛎壳具有取材方便、轻便、表面粗糙、固着面积大的特点，因而国内外普遍使用牡蛎壳制作牡蛎和紫菜的采苗器材。利用牡蛎壳采苗时，一般在牡蛎壳中央钻一小孔，用半碳钢线或镀锌铁丝穿成串，用 5～10 厘米长的塑料管或竹管将牡蛎壳隔开或者将牡蛎壳夹在聚乙烯绳中，制成牡蛎壳采苗器。

6. 其他应用

（1）建筑材料 牡蛎壳表面凹凸不平，在日照下可以形成大片阴影，将其用于外墙可起到良好的隔热效果，因此牡蛎壳墙又被称为"凸砖遮阳墙"。由牡蛎壳制成的墙体不仅冬暖夏凉，而且还具有隔音效果好、坚固、不易腐蚀、不渗水等优点，可以保存数百年，是绿色环保建筑材料。

（2）人工鱼礁 目前绝大部分人工鱼礁采用混凝土建造，但这类鱼礁抗裂性较差，抗压性不强且内部的钢筋易锈蚀，因而存在海洋安全隐患。牡蛎壳具有防腐性强、价格低廉、取材方便、原料充足的特点，利用碎牡蛎壳部分替代人工鱼礁混凝土中的石子骨料、沙制作的人工鱼礁，具有接近自然鱼礁的生态系统，可以解决传统人工鱼礁与海水相容性差及抗压强度不高的问题并增加增殖生物的附着量。

（3）贝壳工艺品 天然的牡蛎壳拥有独特的纹理花纹，色彩绚丽，永不褪色，将其制作成工艺品，外观古朴美丽，具有极高的观赏及收藏价值。

三、土壤调理剂应用实例

目前，我国酸化土壤面积约占全国总面积的 23%，主要分布在长江以南的 14 个省份。由于化肥的过量使用以及酸雨等原因，30 年间，我国酸性土壤的比例由 52% 扩大至 65%，强酸性土壤的比例由 1% 扩大至 4%。土壤酸化将会导致土壤中营养元素流失，有毒重金属化合物的溶解度增加，土壤肥力降低，土壤结构变差，影响农作物生长发育。土壤酸化已严重制约我国的粮食安全和农业可持续发展。采用牡蛎壳制成牡蛎壳土壤调理剂能改良土壤酸化、板结，钝化土壤中的重金属，提高农作物的产量及品质（李雁乔，2019）。

1. 用于琯溪蜜柚的种植

试验地位于福建省漳州市平和县坂仔镇联建村的琯溪蜜柚种植基地（图 5-28），已种植蜜柚 20 年以上。施用牡蛎壳土壤调理剂前，试验地土壤酸化严重、板结，蜜柚叶黄化比例高，果实口感较差。

图 5-28 琯溪蜜柚试验地

2017 年 12 月，集美大学研究团队对种植琯溪蜜柚的土壤施用1 次牡蛎壳土壤调理剂。按照煅烧牡蛎壳粉的施用量，试验设 3 个处理组（T1、T2、T3）和 1 个对照组（CK）。对照组，不施用牡蛎壳粉；T1 组，施用量 1.25 千克/棵；T2 组，施用量 2.50 千克/棵；T3 组，施用量 3.75 千克/棵。每个处理组均施用相同量的基肥（硼肥、硅肥、镁肥）。2018 年 1 月和 5 月分别追施平衡复合肥各 1 次，3 月追施高氮复合肥 1 次。施用方式均为撒施。牡蛎壳土壤调理剂和基肥施用量见表 5-4。田间管理按常规管理。

表 5-4 牡蛎壳土壤调理剂和基肥施用量

处理组	牡蛎壳土壤调理剂（千克/棵）	硼肥（克/棵）	镁肥（克/棵）	硅肥（克/棵）	平衡复合肥（千克/棵）	高氮复合肥（千克/棵）
CK	0.00	30	250	50	1.5	1.5
T1	1.25	30	250	50	1.5	1.5
T2	2.50	30	250	50	1.5	1.5
T3	3.75	30	250	50	1.5	1.5

2018 年 11 月，集美大学研究团队采集土壤样品进行检测，结果如表 5-5 所示，施用牡蛎壳土壤调理剂后，试验地土壤的 pH、有效磷、有机质显著提高，土壤容重显著降低。当施用量为 3.75 千克/棵时，pH 改善效果最佳，由 3.70 升高至 4.62；施用量为 1.25千克/棵时，土壤容重改善效果最好，由 1.30 克/厘米^3 降至 1.11 克/厘米^3，该施用量下，土壤有机质含量也显著提高，由 23.22 克/千克增至 27.21 克/千克；施用量为 2.50 千克/棵时，有效磷改善效果最佳，由 122.89 毫克/千克增至 131.4 毫克/千克。与对照组相比，所有试验组的柚叶黄化情况明显改善、结果率提高，如图 5-29 所示。

表 5-5 牡蛎壳土壤调理剂对琯溪蜜柚土壤的修复效果

指标	牡蛎壳土壤调理剂施用量			
	0 千克/棵	1.25 千克/棵	2.50 千克/棵	3.75 千克/棵
pH	3.70±0.30	4.25±0.38	4.33±0.43	4.62±0.46

（续）

指标	牡蛎壳土壤调理剂施用量			
	0 千克/棵	1.25 千克/棵	2.50 千克/棵	3.75 千克/棵
容重（克/厘米^3）	1.30±0.08	1.11±0.08	1.13±0.05	1.12±0.06
有机质（克/千克）	23.22±2.41	27.21±5.37	26.64±3.89	27.61±5.28
有效磷（毫克/千克）	122.89±14.47	124.84±16.10	131.41±7.35	127.05±11.38

对照组　　　　　　　　　　　　实验组

图 5-29　牡蛎壳土壤调理剂施用效果对比

2018 年 10 月，集美大学研究团队进行琯溪蜜柚果实的采样和检测工作，结果如表 5-6 所示，施用牡蛎壳土壤调理剂能够明显提高琯溪蜜柚的果实品质，随着施用量的增加，可溶性总糖含量及可溶性固形物含量提高，可滴定酸含量降低，糖酸比和固酸比的比值增加，果实汁胞的硬度和脆度减小。另外，牡蛎壳土壤调理剂对于琯溪蜜柚果实的口感、颗粒饱满度以及果实囊瓣开裂程度有较明显的改善效果。

表 5-6　牡蛎壳土壤调理剂对琯溪蜜柚果实品质的改善效果

指标	牡蛎壳土壤调理剂施用量			
	0 千克/棵	1.25 千克/棵	2.50 千克/棵	3.75 千克/棵
维生素 C（毫克/千克）	350.80±9.80	360.00±10.40	361.40±12.90	361.30±12.50

（续）

指标	牡蛎壳土壤调理剂施用量			
	0千克/棵	1.25千克/棵	2.50千克/棵	3.75千克/棵
水分含量（%）	89.18±1.45	89.23±1.24	88.94±0.89	89.04±1.41
可溶性固形物含量（%）	11.07±0.16	11.16±0.10	11.28±0.18	11.31±0.05
可滴定酸含量（%）	0.67±0.06	0.63±0.06	0.59±0.04	0.58±0.03
可溶性总糖含量（%）	8.82±0.29	9.221±0.27	9.44±0.63	9.63±0.41
固酸比	16.52	17.71	19.12	19.50
糖酸比	13.16	14.62	16.00	16.60
硬度（gf）	17.12±3.22	15.98±2.70	12.86±1.94	10.73±1.51
脆度（gf）	16.26±3.36	15.07±3.33	10.57±1.59	9.51±1.24

2. 用于玉菇甜瓜的种植

集美大学研究团队对福建省泉州市泉港区种植的玉菇甜瓜进行的田间试验显示，施用150千克/亩牡蛎壳土壤调理剂3个月后，与未施用组相比，玉菇甜瓜平均单果重由790克提高到890克，增加了12.66%；平均亩产量提高了6.1%；果实维生素C含量由42毫克/千克提高到62毫克/千克，提高了47.6%（图5-30）。

栽苗　　　　　　育苗　　　　　　生长期

玉菇甜瓜　　　　采摘　　　　　　成熟期

图5-30　玉菇甜瓜种植生长过程

3. 用于降低水稻中的镉含量

20 世纪 60 年代，日本富山县发生的"骨痛病"，是由当地居民食用被镉废水污染的土壤所生产出的"镉大米"所致。我国少数省份也发生过水稻"重金属镉污染"事件。而施用牡蛎壳土壤调理剂可以显著降低土壤中有效态镉的含量，有效减少土壤中的镉向作物转移，从而降低稻米中镉含量。在湖南省开展的田间试验发现，施用 100 千克/亩的牡蛎壳土壤调理剂可降低稻米土壤中有效态镉含量，并阻控土壤酸化，显著降低稻米中镉含量，早稻的稻米降镉率可达 40.90%，晚稻的稻米降镉率达 39.17%，降镉效果十分显著（表 5-7）。

表 5-7　牡蛎壳土壤调理剂对稻米的降镉与增产效果

	施用量 （千克/亩）	稻米降镉率 （%）	土壤有效态镉 含量降幅（%）	稻米增产率 （%）	土壤 pH 增量
早稻	100	40.90	13.22	1.17	0.38
晚稻	100	39.17	15.66	−0.60	0.93

牡蛎壳含有有机质和生物生长所必需的矿物元素，且自身具有复杂的多孔结构。除此之外，牡蛎壳还具有美观、坚固、防腐性强、价格低廉、取材方便、原料充足的特点。因此，牡蛎壳可被广泛应用于食品、医药、工业及农业领域。特别是牡蛎壳土壤调理剂在农作物种植中有非常好的使用效果，可提高农作物的产量、提升农产品质量、降低重金属污染。牡蛎壳的综合利用，不仅可以有效解决牡蛎壳大量堆积造成的环境污染问题，而且还能产生良好的经济和社会效益。

（本节作者：曹敏杰、章骞）

牡蛎优秀生产企业及参编单位介绍

青岛前沿海洋种业有限公司

青岛前沿海洋种业公司创立于 2016 年，注册资金 7 500 万元，是国内首家以水产养殖遗传育种高新技术为主导的科技型海洋种业公司。该公司以贝类遗传育种技术研究和新品种开发为主业，现自主拥有贝类多倍体育种技术，相关技术研发能力总体已处于国际领先水平，是中国海洋种业的领先企业。

该公司年均研发资金投入 1 000 万元以上，科研团队人数占该公司总人数的 70％以上。其中，首席科学顾问为著名的贝类遗传育种专家郭希明教授。郭希明教授被誉为"贝类四倍体之父"，在世界上首创牡蛎四倍体培育技术，用四倍体牡蛎和二倍体牡蛎杂交产生 100％的三倍体牡蛎，获得了包括中国在内的多个国家的发明专利。该公司致力于本土品种和三倍体技术的研发。目前，长牡蛎、福建牡蛎和杂交牡蛎等主养种已实现三倍体苗种产业化。2021年，该公司三倍体牡蛎苗种产量突破 10 亿片，在北方主养区的三倍体苗种市场占有率为 95％以上。香港牡蛎、近江牡蛎和熊本牡蛎的三倍体苗种处于中试阶段。

该公司拥有国内最大的牡蛎产业生态体系，促成了三倍体牡蛎在国内的产业化。该公司联合中国科学院海洋研究所共同发起成立中国三倍体牡蛎产业联盟，并担任第一届联盟理事长单位，正在建设海洋生物遗传育种中心，现有苗种扩繁基地 49 家，养殖示范基地 16 家，战略合作基地 3 家，实现了牡蛎主产地的全覆盖，为我国牡蛎产业的转型升级发挥了重要作用。

青岛前沿海洋种业研发中心（在建中）

"青岛前沿海洋种业"公众号

前沿三倍体长牡蛎

烟台海益苗业有限公司

烟台海益苗业有限公司成立于 2001 年，是一家以优质苗种的生态化繁育和新品种的持续研发为核心驱动力的高新技术企业。该公司的主营苗种包括扇贝、牡蛎、海参、鲍和海带等我国水产养殖业的主产物种，是我国贝类苗种繁育的龙头企业之一。目前，该公司在烟台开发区和莱州建有 3 个育苗生产基地，总面积 200 余亩，育苗总水体 4.7 万米^3，保苗池塘和近岸海域约 2 400 亩。该公司是"国家级虾夷扇贝良种场""全国现代渔业种业示范场""农业农村部水产健康养殖示范场""省级牡蛎良种场""省级海湾扇贝良种场""中国科学院 STS 项目核心示范企业"和"海上粮仓"遗传育种中心等。

该公司高度重视产学研协同发展，与中国海洋大学、中国科学院海洋研究所、中国科学院南海海洋研究所、中国水产科学研究院黄海水产研究所、鲁东大学、山东省海洋资源与环境研究院等高校和科研院所均有长期稳定合作，积极参与相关产业技术的研发和科研成果的示范与推广。在生态育苗方面，该公司经过不断地摸索与创新，建立了一套以精准化、生态化和规范化为技术核心的"海益模式"，多个物种的育苗产量连续多年居全国首位。在品种创新方面，该公司与多家科研院所协作选育了国审贝类新品种 4 个，搭建

烟台海益苗业有限公司

了新品种"育繁推一体化"的产业化平台，并积极开展了"海大1号"等牡蛎新品种的推广工作，辐射带动了山东、辽宁、河北、福建和广东等沿海地区贝类养殖产业的种质提升。

威海灯塔水母海洋科技有限公司

威海灯塔水母海洋科技有限公司于2015年1月在山东威海乳山成立，是一家依托乳山牡蛎产业优势兴建的集高品质牡蛎育种、新品种推广、养殖、净化、加工、销售、冷链物流、文旅于一体的现代海洋高技术公司，是国内率先通过世界水产养殖管理委员会ASC管理体系认证的牡蛎养殖企业。

"灯塔水母"
公众号

该公司拥有万亩国家一类海水水质的顶级牡蛎养殖海区，严格执行ASC养殖体系标准，年产高品质牡蛎5 000吨，企业的牡蛎良种覆盖率达95%以上。该公司秉持"科技就是生产力"的理念，与中国科学院海洋研究所、中国海洋大学、广东海洋大学、中国水产科学研究院渔业机械仪器研究所等科研院校在牡蛎育种、净化、加工、流通保活等技术领域建立了长期紧密的产学研合作。该公司建设国内首个现代化牡蛎加工中心及国内首条高端牡蛎全自动清洗净化流水线，打造符合国际一流生食标准的牡蛎产品；开发超低温速冻生食牡蛎技术，解决牡蛎断档期的市场供应；开发牡蛎保活流通技术，在上海、杭州、重庆设置冷链中转仓，确保全流程产品质量安全可控。

2019年10月，推出"贝司令"品牌，发力乳山牡蛎电商经济，迅速成为天猫、京东牡蛎销量第一品牌，后续渠道拓展至拼多多、抖音等主流电商平台，产品销量稳居平台牡蛎单品销量前列。同时，该公司在杭州洪园建设国内首个乳山牡蛎文化馆，深度挖掘牡蛎文化价值，提升牡蛎文化内涵。凭借行业知名度、美誉度和消费者信任度，威海灯塔水母海洋科技有限公司获得"2019年乳山牡蛎诚信企业""ASC 荣誉推荐负责任水产企业奖""中华食材优品""2020 影响力成长品牌"等荣誉。

威海灯塔水母海洋科技有限公司科研楼

大连生蚝小镇食品有限公司

大连生蚝小镇食品有限公司成立于 2017 年 1 月,由大连庄河市政府扶持,斥资 5 亿元建立,是一家集"育苗-养殖-加工-销售-冷链物流-售后"的全产业链模式企业,目前有 500 余名员工。

该公司坐落于大连庄河东南,属中国海域北端。与法国、日本、加拿大高品质生蚝产地同处一个纬度,是中国生蚝养殖品质最好的区域,属"国家级海洋牧场示范区",地理环境受国家保护,曾先后被授予"国家级牡蛎原种场""牡蛎特产之乡"称号。目前,该公司年产量逾万吨,现已是中国最大的生蚝产销商。

成立至今,该公司始终坚持"海洋产业＋"创新发展模式,立足"渔业产业"与"海洋文化"的地域特色,以生蚝养殖、渔业旅游、海产贸易、海洋饮食文化为特色,采用一流的现代化生产车间与绿色原生态海域结合形式,实现了传统手工艺和机械化生产的完美融合,具备生产环节自动化、养殖规模不受限等优势。

从大海到餐桌,生蚝小镇始终坚持把高品质大连生蚝带给万千消费者。

生蚝小镇宣传图 1

生蚝小镇宣传图 2

生蚝小镇生产车间

广西阿蚌丁投资集团有限公司

作为一家创新型高科技企业，广西阿蚌丁投资集团有限公司自 1998 年创办开始，便聚焦牡蛎事业。经过 20 余年的耕耘开拓，目前该公司参股控股企业 11 家，建立了贯穿苗种繁育、生态养殖、净化加工、健康及美容产品研发与生产、跨境电商、健康养老、投资贸易和基金管理等八大板块的完整可溯源的全生态牡蛎产业链。围绕牡蛎精深加工应用领域，该公司出品了牡蛎即食食品、牡蛎美容护肤品、牡蛎营养品、牡蛎保健食品、牡蛎壳综合利用产品等牡蛎前沿应用成果。

"ABD 阿蚌丁"
公众号

广西阿蚌丁集团总部

旗下核心企业广西阿蚌丁海产科技有限公司积极携手中国科学院南海海洋研究所、广西大学、广西医科大学、北部湾大学等国内权威科研机构开展牡蛎优质苗种生产研发，国家蓝色粮仓科技创新专项——牡蛎优质、高产种质创制和规模化制种，牡蛎壳废弃物综合利用及大健康系列产品研发与产业化，牡蛎高效扩繁养殖研发示范等。多年走来，该公司海产科技成就显著，被广西海洋产业发展促进会牡蛎分会授予"会长单位"。其中，与中国科学院南海海洋研究所共同研发的优质牡蛎新苗种——"华海 1 号"，无论是个体大小还是生长速度都具有明显优势。

牡蛎苗种繁育方面，在建的阿蚌丁牡蛎（大蚝）苗种繁育基地总占地面积 632 亩，现已完成二期工程建设，成为华南地区最大的牡蛎苗种繁育基地，努力促进我国牡蛎核心原种的产业化和市场化应用。

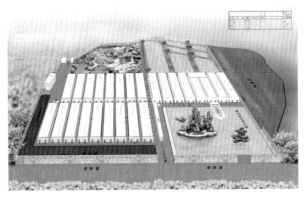

阿蚌丁牡蛎人工苗种培育基地规划效果图

厦门玛塔生态股份有限公司

厦门玛塔生态股份有限公司始创于 2011 年，十年间深耕牡蛎产业，以创新模式解决牡蛎壳固废污染，同时实现牡蛎壳资源化利用，满足国内土壤酸化及受污染耕地修复利用需求。当前，玛塔已发展为土壤修复材料领域的龙头企业，年产土壤调理剂25 万吨。

2021 年玛塔公司以创新技术实现牡蛎工业化开壳取肉，掌握产业上游核心资源，助力产业升级，进一步深化牡蛎产业整合。玛塔公司将以牡蛎壳资源化利用与工业化开壳取肉两项业务互为依托，在沿海主要牡蛎养殖加工区实现快速复制，践行构建牡蛎产业新业态的企业使命，实现成为全球牡蛎大王的企业愿景。

玛塔公司

参 考 文 献

方建光，蒋增杰，房景辉，2020. 中国海水多营养层次综合养殖的理论与实践 ［M］. 青岛：中国海洋大学出版社 .

方建光，匡世焕，孙慧玲，等，1996. 桑沟湾栉孔扇贝养殖容量的研究 ［J］. 海洋水产研究，17（2）：17-30.

郭一祺，2015. 牡蛎有毒有害物质残留限量国家和行业标准探析 ［J］. 水产科技情报，42（1）：1-5.

姜波，王昭萍，于瑞海，等，2007. 杂交三倍体太平洋牡蛎群体的染色体数目组成初步观察 ［J］. 中国海洋大学学报（自然科学版），37（2）：255-258.

孔翔羽，靳淼，段招军，等，2015. 诺如病毒与食源性疾病 ［J］. 中国临床医生杂志，7：21-23.

李爱峰，于仁成，周名江，等，2008. 河豚毒素及其衍生物在织纹螺不同组织内的分布特征初探 ［J］. 卫生研究，4：448-451.

李雁乔，2019. 牡蛎壳土壤改良剂对琯溪蜜柚品质影响的研究 ［D］. 厦门：集美大学 .

农业农村部渔业渔政管理局，等，2020. 中国渔业统计年鉴 ［M］. 北京：中国农业出版社 .

唐启升，等，2017. 环境友好型水产养殖发展战略：新思路、新任务、新途径 ［M］. 北京：科学出版社 .

王海艳，郭希明，刘晓，等，2007. 中国近海"近江牡蛎"的分类和订名 ［J］. 海洋科学，31（9）：85-86.

王海艳，郭希明，刘晓，等，2009. 中国北方沿海"褶牡蛎"的分类和订名 ［J］. 海洋科学，33（10）：104-106.

王如才，2004. 牡蛎养殖技术 ［M］. 北京：金盾出版社 .

王雪影，杨殿来，林海，等，2006. 黄海牡蛎中锌和硒含量的测定与健康保健食用量分析 ［J］. 食品工业科技，27（4）：182-184.

吴亚林，高亚平，吕旭宁，等，2018. 桑沟湾楮岛大叶藻床区域菲律宾蛤

仔的生态贡献 [J]. 渔业科学进展, 39 (6): 126-133.

曾志南, 宁岳, 2011. 福建牡蛎养殖业的现状、问题与对策 [J]. 海洋科学, 35 (9): 112-118.

张玺, 1959. 近江牡蛎的养殖 [M]. 北京: 科学出版社.

章超桦, 秦小明, 2014. 贝类加工与利用 [M]. 北京: 中国轻工业出版社.

赵广英, 申科敏, 励建荣, 等, 2008. 水产品中多种致病性弧菌的分离鉴定 [J]. 食品科技, 11: 279-283.

赵思远, 吴楠, 孙佳明, 等, 2014. 近 10 年牡蛎化学成分及药理研究 [J]. 吉林中医药, 34 (8): 821-824.

Fang J G, Zhang J, Xiao T, et al., 2016. Integrated multi-trophic aquaculture (IMTA) in Sanggou Bay, China [J]. Aquaculture Environment Interactions (8): 201-205.

Filgueira R, Guyondet T, Thupaki P, et al., 2021. The effect of embayment complexity on ecological carrying capacity estimations in bivalve aquaculture sites [J]. Journal of Cleaner Production, 288: 125739.

Fujiya M, 1970. Oyster farming in Japan [J]. Helgoländer wiss. Meeresunters, 20: 464-479.

Guo X M, Hershberger W K, Cooper K, et al., 1992. Genetic consequences of blocking polar body I with cytochalasin B in fertilized eggs of the pacific oyster, *Crassostrea gigas*: Ⅱ. Segregation of chromosome [J]. Biological Bulletin, 183 (3): 387-393.

Guo X M, Allen S, 1994. Viable tetraploids in the Pacific oyster (*Crassostrea gigas* Thunberg) produced by inhibiting polar body 1 in eggs from triploids [J]. Molecular marine biology and biotechnology, 3 (1): 42-50.

Guo X M, DeBrosse A G, Allen K S, 1996. All-triploid pacific oysters (*Crassostrea gigas* Thunberg) produced by mating tetraploids and diploids [J]. Aquaculture, 1996, 142 (3-4): 149-161.

Guo X M, Wang Y, Xu Z, et al., 2009. Chromosome set manipulation in shellfish [M]. Cambridge: Woodhead Publishing.

Inglis G J, Hayden B J, Ross A H, et al., 2000. An overview of factors affecting the carrying capacity of coastal embayment for mussel culture

[M]. Wellington: Ministry for the Environment.

Kluger L C, Taylor M H, Mendo J, et al. , 2016. Carrying capacity simulations as a tool for ecosystem-based management of a scallop aquaculture system [J]. Ecological Modelling, 331: 44-55.

Lin F, Du M R, Liu H, et al. , 2020. A physical-biological coupled ecosystem model for integrated aquaculture of bivalve and seaweed in Sanggou bay [J]. Ecological Modelling, 431 (1): 109181.

Mizuta D D , Wikfors G H, 2018. Seeking the perfect oyster shell: a brief review of current knowledge [J]. Reviews in Aquaculture, 11 (3): 586-602.

Shaw W N, 1970. Oyster Farming in North America [J]. Proceedings of the Annual Workshop World Mariculture Society, 1 (14): 39-44.

Tang Q S, Zhang J H, Fang J G, 2011. Shellfish and seaweed mariculture increase atmospheric CO_2 absorption by coastal ecosystems [J]. Marine Ecology Progress Series, 424: 97-104.

Wang H Y, Guo X M, Zhang G F, et al. , 2004. Classification of jinjiang oysters *Crassostrea rivularis* (Gould, 1861) from china, based on morphology and phylogenetic analysis [J]. Aquaculture, 242 (1-4): 137-155.

Wang H Y, Qian L M, Liu X, et al. , 2010. Classification of a common cupped oyster from southern China [J]. Journal of Shellfish Research, 29 (4): 857-866.

Wang H Y, Zhang G F, Liu X, et al. , 2008. Classification of common oysters from north China [J]. Journal of Shellfish Research, 27: 495-503.

Wang H Y, Qian L M, Wang A M, et al. , 2013. Occurrence and distribution of *Crassostrea sikamea* (Amemiya, 1928) in China [J]. Journal of Shellfish Research, 32 (2): 439-446.

Wang W X, Yang Y B, Guo X Y, et al. , 2011. Copper and zinc contamination in oysters: subcellular distribution and detoxification [J]. Environmental Toxicology and Chemistry, 30 (8): 1767-1774.

图书在版编目（CIP）数据

牡蛎绿色高效养殖技术与实例／农业农村部渔业渔政管理局组编；李莉，丛日浩，张国范主编 . —北京：中国农业出版社，2023.3
（水产养殖业绿色发展技术丛书）
ISBN 978-7-109-30996-8

Ⅰ.①牡…　Ⅱ.①农…　②李…　③丛…　④张…　Ⅲ.①牡蛎科－贝类养殖－无污染技术　Ⅳ.①S968.31

中国国家版本馆 CIP 数据核字（2023）第 149097 号

中国农业出版社出版
地址：北京市朝阳区麦子店街 18 号楼
邮编：100125
责任编辑：王金环　蔺雅婷　　文字编辑：耿韶磊
版式设计：王　晨　责任校对：吴丽婷
印刷：中农印务有限公司
版次：2023 年 3 月第 1 版
印次：2023 年 3 月北京第 1 次印刷
发行：新华书店北京发行所
开本：880mm×1230mm　1/32
印张：7.25　插页：6
字数：210 千字
定价：48.00 元

彩图 1　长牡蛎的外部及内部图片

彩图 2　不同养殖模式模型
A.投石养殖　B.插桩养殖　C、D.浮筏吊绳养殖

彩图 3　牡蛎滤水效果

彩图 4　新型生态型活体牡蛎礁

彩图 5　乳山牡蛎产品　　　　　　　彩图 6　乳山牡蛎文化园

彩图 7　牡蛎美食

彩图 8　肥美的钦州大蚝

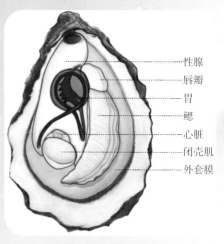

————性腺
————唇瓣
————胃
————鳃
————心脏
————闭壳肌
————外套膜

彩图 9　牡蛎的内部结构

彩图 10　长牡蛎的室外生态促熟

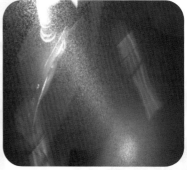

彩图 11　牡蛎幼虫高密度培育系统(左)及高密度培育的眼点幼虫(右)(邱天龙供图)

彩图 12　虾夷扇贝壳和栉孔扇贝壳采苗器

彩图 13　牡蛎夹苗

彩图 14　牡蛎人工授精过程

A.亲贝阴干　B.升温流水刺激　C.开壳取肉　D.精卵获得

E.受精卵过滤　F.受精卵在水泥池中孵化

彩图 15　聚丙烯塑料片(绳)(左)和牡蛎壳采苗(右)

彩图 16　牡蛎潮间带棚架式平挂养殖

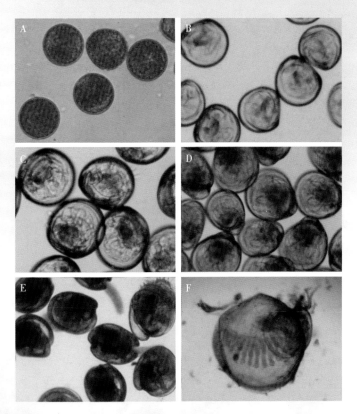

彩图 17　香港牡蛎早期胚胎及幼虫

A. 受精卵　B. D 形幼虫　C. 壳顶前期幼虫　D. 壳顶中期幼虫

E. 壳顶后期幼虫　F. 刚完成变态的稚贝

图 18　香港牡蛎水泥片、水泥饼附着基

彩图 19　香港牡蛎牡蛎壳（左）与塑料打包带附着基（右）

彩图 20　香港牡蛎的垂下式采苗

彩图 21　香港牡蛎的养成收获

彩图 22　香港牡蛎的插桩式养殖

A

B

C

D

E

F

彩图 23　香港牡蛎的单体养殖

A. 单体稚贝　B. 单体牡蛎的中培　C、D. 单体牡蛎的笼养

E. 单体牡蛎用水泥粘起来后养成　F. 单体牡蛎成体

彩图 24　微藻高密度培养常用生物反应器
A.开放式跑道池　B.管道式光生物反应器　C.卧式管排式光生物反应器
D.薄层自流式光生物反应器　E.立式排式光生物反应器　F.发酵罐

彩图 25　海上机械化采收与清洗加工一体化收获作业平台

彩图 26　轻型采收作业船

彩图 27　乳山牡蛎海上采收

彩图 28　牡蛎室内净化

彩图 29　牡蛎分级设备

牡蛎壳　　　　破碎　　　　高温煅烧

牡蛎壳土壤调理剂产品　　　包装　　　　粉碎

彩图 30　牡蛎壳土壤调理剂生产线